普通高等教育"十二五"规划教材

精细化工实验

朱 凯 朱新宝 主编

中国林业出版社

内 容 提 要

全书共 8 章，46 个实验。第 1 章精细化工实验常识，主要介绍精细化工实验基本知识、实验基本技术、主要仪器装备及实验化工常规的单元操作内容；其他章均为单独的实验，主要包括：合成实验、分析检验实验、提取分离纯化实验和调配实验，基本涵盖了精细化工专业的主要门类；教材包含了一些产品生产工艺案例，新的实验方法，融入了教师的部分科研成果，使用了一些先进的实验仪器及实验装备，从而突出了实验内容的适用性和先进性。天然产物的提取及深加工方面的实验也作为其重要的特色。

本书既可作为高等院校精细化工专业本专科生的实验教材，教学时可根据各学校的专业特点选取适合的实验内容；也可作为精细化工的专业技术人员的参考书。

图书在版编目（CIP）数据

精细化工实验/朱凯，朱新宝主编. —北京：中国林业出版社，2012.9

ISBN 978-7-5038-6727-9

Ⅰ.①精… Ⅱ.①朱… ②朱… Ⅲ.①精细化工 – 化学实验 – 高等学校 – 教材 Ⅳ.①TQ062 – 33

中国版本图书馆 CIP 数据核字（2012）第 203013 号

中国林业出版社·教材出版中心

责任编辑：高红岩

电话：83220109　83221489　　　传真：83220109

出版发行	中国林业出版社（100009　北京市西城区德内大街刘海胡同 7 号） E-mail：jiaocaipublic@163.com　电话：(010) 83224477 http://lycb.forestry.gov.cn
经　　销	新华书店
印　　刷	北京市昌平百善印刷厂
版　　次	2012 年 9 月第 1 版
印　　次	2012 年 9 月第 1 次印刷
开　　本	850mm×1168mm　1/16
印　　张	10.75
字　　数	234 千字
定　　价	22.00 元

未经许可，不得以任何方式复制或抄袭本书之部分或全部内容。

版权所有　　侵权必究

《精细化工实验》编写人员

主　　编　　朱　凯　朱新宝
编写人员　　林中祥　季永新　蔡正春
　　　　　　毛连山　费宝丽　杨　云
　　　　　　朱　凯　朱新宝

前言

精细化工是与经济建设和人民生活密切相关的重要工业部门，是化学工业发展的战略重点之一。近年来，国内外精细化学品的研制、开发、生产蓬勃发展，国内各高校在化学工程与工艺的专业内相继设立精细化工专业方向。为适应这种发展需要，我们在原自编的《精细化工实验》讲义基础上，总结多年的教学经验，编写了这本精细化工实验教材。

精细化工实验在许多高校是化学工程与工艺专业的必修课。通过本课程的学习，可以加深巩固对精细化工专业知识的理解，提高学生的实验操作技能和实际动手能力，为将来从事精细化工的研究、开发和生产奠定必要的理论和技术基础。

本书结合精细化工发展的重点及本专业的研究方向，并考虑到与专业课教材《精细化工生产工艺学》的配套进行编写，实验按精细化工产品的分类进行排列，实验以合成或制作性实验为主，测试性实验为辅。许多的实验除包含了详细的产品的制备过程外，还有该产品重要性能指标的详细测试方法，使产品的整个过程非常完整；教材内容在突出系统性、知识性和广泛性的同时还考虑到产品的特殊性、趣味性和流行性。教材内采用了一些实际的产品生产工艺案例，新的实验方法和教师的部分科研成果进行编写，使用了一些新的实验仪器及实验设备，突出了实验内容的适用性和先进性。

本书内容广泛，包含精细化工专业的主要门类，教学时可根据各学校的专业特点选取适合的实验内容。本书既可作为高等院校精细化工专业本专科生的实验教材，也可作为精细化工的专业技术人员的参考书。全书由南京林业大学朱凯、朱新宝主编，朱凯负责编写第1~3章、第6~7章；朱新宝负责编写第4~5章及第8章，林中祥、季永新、蔡正春、毛连山、费宝丽、杨云参与了一部分的编写和审核，并给予其他帮助。

由于编者水平有限，书中错误和不妥之处，敬请专家和读者给予批评指正。

编　者

2012年5月

目 录

前 言

第 1 章 精细化工实验常识 (1)
  1.1 精细化工实验及其分类 (1)
  1.2 精细化工实验注意事项,事故预防和处理 (2)
  1.3 精细化工实验要求 (3)
  1.4 实验室用仪器装备 (3)
  1.5 精细化工实验技术 (12)

第 2 章 表面活性剂 (31)
  实验 1 烷基苯磺酸钠合成 (31)
  实验 2 十二烷基硫酸钠合成 (34)
  实验 3 β-萘磺酸钠的合成 (37)
  实验 4 月桂酸二乙醇酰胺 (41)
  实验 5 月桂醇聚氧乙烯醚的制备 (45)
  实验 6 表面活性剂离子类型鉴定(阴离子、阳离子) (47)
  实验 7 洗衣粉中五氧化二磷含量测定——钼钒酸盐比色法 (50)
  实验 8 表面活性剂表面张力及 CMC 的测定 (52)

第 3 章 香 料 (55)
  实验 9 己酸乙酯的制备 (55)
  实验 10 留兰香油真空精馏制取香芹酮 (59)
  实验 11 乙酸异戊酯的合成 (65)
  实验 12 紫罗兰酮合成实验 (69)
  实验 13 洋茉莉醛合成 (74)
  实验 14 相对密度测定 (79)
  实验 15 折光指数的测定 (81)
  实验 16 旋光度的测定 (84)
  实验 17 醛酮含量测定法(中性亚硫酸钠法) (86)

第4章　胶黏剂 (88)

- 实验18　双酚A环氧树脂的合成 (88)
- 实验19　水溶性酚醛树脂的合成 (91)
- 实验20　脲醛树脂的制备 (93)
- 实验21　三聚氰胺甲醛树脂胶的制备 (95)
- 实验22　聚醋酸乙烯乳液的制备 (97)

第5章　涂　料 (99)

- 实验23　醇酸树脂的合成和清漆配制 (99)
- 实验24　双组分聚氨酯涂料的制备 (103)
- 实验25　聚乙烯醇缩甲醛树脂制备及107涂料的配制 (105)
- 实验26　苯丙树脂涂料的制备 (107)
- 实验27　纯丙乳液的制备及涂料的配制 (109)
- 实验28　涂料黏度测定 (112)

第6章　食用添加剂 (115)

- 实验29　辣椒红色素提取 (115)
- 实验30　二氧化碳超临界精制辣椒红色素 (117)
- 实验31　辣椒红色素色价测定——分光光度法 (120)
- 实验32　茶叶中咖啡因提取 (121)
- 实验33　L-胱氨酸的制备 (125)
- 实验34　苯甲酸钠的制备 (129)
- 实验35　果胶的制备 (133)
- 实验36　水蒸气蒸馏提取姜油 (136)

第7章　化妆品 (138)

- 实验37　膏霜的配制 (138)
- 实验38　洗发香波的配制 (141)
- 实验39　防晒霜 (143)
- 实验40　唇膏的配制 (145)
- 实验41　餐具洗涤剂的制备 (147)

第8章　工艺装置实验 (149)

- 实验42　乙酸乙酯合成实验（反应精馏） (149)
- 实验43　乙醇脱水制备乙烯实验（气固相催化） (154)
- 实验44　香荚兰超临界二氧化碳萃取 (156)
- 实验45　乙苯脱氢气固相催化 (158)
- 实验46　丙二醇甲醚乙酸酯的合成 (162)

参考文献 (165)

第1章 精细化工实验常识

1.1 精细化工实验及其分类

精细化工全称为精细化学工业,是生产精细化学品工业的通称。精细化工产品包含精细化学品和专用化学品,具有小批量、多品种、附加值高等特点。精细化工实验课与精细化工专业课相配套,为化学工程与工艺专业的必修专业课。

1.1.1 精细化工实验主要任务

①印证精细化工理论并加深对理论的理解,能综合利用前面所学的知识,正确观察、思考和分析实验过程。

②在学生前面所学实验的基础上,进一步巩固和提高操作技能,掌握更多的、更先进的通用和专用仪器设备。

③培养学生理论联系实际、严谨求实的科学态度和良好的工作习惯。

④增强学生对精细化学品性质、特点的理解,培养其初步研究的能力。

1.1.2 精细化工实验分类

按实验目的可分为四大类:

第一类为分析、检验实验。一般用于确定某种原料或产品的性能指标,并不以获取反应产物为主要目的。

第二类为合成实验。一般是通过化学反应来制备某种产物为目的。

第三类为提取分离纯化实验。一般以某种起始原料通过一定的提取方法得到某种产物(通常是混合物),或者由某种混合物为原料获取某种预期成分为目的。这些实验常采用物理的方法,较少发生化学变化。

第四类为调配实验。一般按一定的配方、按一定的技艺进行调配,以获取某种复配产品为目的。通常在过程中不发生化学变化。

以上四大类实验包含制备、调配、精制、分析检验等类型实验,有些实验是单一类型的,但大多数实验,特别是制备实验涉及多种类型实验,如某一合成实验首先通过有机合成,得到其粗产物,粗产物通常为含有未反应物、副产物等杂质的混合物,通常需要通过精馏、结晶、重结晶等精制方法得到符合标准的产品,最后需通过分析、检验进行确定。

精细化工实验基本操作单元包含了几乎所有的基本化工单元操作,复杂的精细化工实验通常是基本化工操作单元的复合。所以,学生实验的重点是要掌握基本的单元操作。精细化工实验的质量评价主要体现在两方面:一是实验结果,主要是得率的高低、质量的优劣等;二是过程的控制、数据的准确完整。一般来说后者更重要,因为好的结果可以通过不断改变工艺条件来达到,而没有过程控制完整的数据就不会有好的结果,即使得到一次好的结果也是偶然的,无法重现。

1.2　精细化工实验注意事项，事故预防和处理

1.2.1　注意事项
①遵守实验室的各项规章制度，遵从教师指导，严格操作规程。

②了解实验室水、电、气、消防设施的布局、开关位置并能正确使用。

③保持实验台面、地面、水槽及周边的整洁。所有的废弃物应倒入指定的废物缸内，不得乱丢乱倒。

④爱护公物，节约水、电、气、药品等，公用仪器、药品不得乱拿乱放，实验室内所有物品不得私自带出实验室。

⑤实验完成后需洗净仪器并入柜上锁，负责值日的学生需打扫卫生，整理公共器材，倒净废物缸，关闭水、电、气阀门及门窗，经教师同意后方可离开实验室。

1.2.2　事故预防及处理
精细化工实验是一类危险性较大的实验，稍有不慎就可能发生一些意想不到的事故，给国家的财产及人身安全造成伤害，为此必须加以预防，并正确应对处理。

(1) 火灾

①实验中使用易燃易挥发溶剂时，要远离火源、电源，加热不可用明火。

②实验前、实验中都需仔细检查仪器装配是否正确，是否漏气漏液。

③实验室内不得存放大量易燃物品。实验中，加热源附近不允许放置易燃有机化学试剂。

④一旦发生火灾，应首先切断电源、气源，移开周围易燃物质，一般不可用水灭火。火不大时可用湿布或黄沙覆盖火源；火较大可用灭火器灭火；若火很大并无法控制时，实验人员需立即离开实验室。

(2) 爆炸

①常压加热，操作系统必须与大气相通，千万不能密封。

②减压蒸馏时不能使用锥形瓶或平底烧瓶等不耐压受器。

③在使用乙醚、四氢呋喃、二氧六环等易燃易爆化合物时需特别小心，严禁滴漏，严禁过氧化物存在，严禁明火，严禁蒸干。

④硝基化合物及叠氮等化合物在高温、撞击时易发生爆炸；金属钾钠遇水时会发生爆炸，对这些特殊的化合物应严格按规程操作。

⑤对反应非常激烈的实验，需控制加热、加料速度，以防反应过激而发生爆炸。

(3) 中毒

实验中的绝大多数化学试剂均有毒性，预防中毒需注意：

①保持实验室的通风，试剂取用后应立即上盖，以防大量蒸发。

②使用或在实验中会产生毒性较大的化合物时，需使用通风柜，甚至需配置

防毒面具。

③汞散落在地，应用吸管将汞吸起，剩余的汞用硫黄粉覆盖并摩擦，最后打扫清除。

④若实验人员有轻微的中毒现象，需停止实验到空气新鲜处做深呼吸，严重者要及时送往医院治疗。

(4) 灼伤、烫伤及割伤

①使用强酸、强碱等强腐蚀化学试剂时，应戴好防护面罩和橡皮手套，并且要轻倒轻放以免溅出，灼伤眼睛和皮肤。

②沾上强酸、强碱需立即用大量清水清洗，如皮肤灼伤可分别用一定浓度的碳酸氢钠溶液(对酸)或硼酸溶液(对碱)冲洗，溴灼伤用石油醚或酒精擦洗，再用1%碳酸氢钠洗，最后敷以油膏。

③实验中发生烫伤可涂敷烫伤膏或万花油，较严重者需上医院治疗。

④实验时发生割伤应首先取出伤口异物，然后用蒸馏水或双氧水洗净伤口，涂上红药水，再止血、包扎，严重割伤应在伤口上方用纱布扎紧，按住动脉，防止大出血，并送医院治疗。

1.3 精细化工实验要求

为保证实验正常进行，培养学生良好的实验习惯和严谨的科学态度，学生必须做到：

①实验前须认真预习实验教材，明确实验目的与要求，掌握实验原理，了解原料、产物特性及操作步骤，写好预习报告。

②实验中要集中思想，认真操作，仔细观察，勤于思考，不做与实验无关的事情。

③遵从教师指导，严格按实验教材的内容步骤进行实验，未经教师许可不得擅自改变实验内容、条件及操作程序。

④要准确、及时记录实验现象和数据，养成及时记录的好习惯，不要在实验后去回忆补记或编造数据。

⑤按要求做好实验报告，实验报告一般应包括：实验日期、实验名称、实验目的、反应原理、仪器药品、操作步骤、仪器装置图、实验结果(最好用表格)及讨论。报告应力求条理清晰、文字简练、结论明确、书写准确。

1.4 实验室用仪器装备

由于玻璃仪器具有良好的化学稳定性，因此在实验中用的最多的仪器就是玻璃仪器。对于实验来说，玻璃仪器是不可缺少的基本工具，所以了解常用玻璃仪器的性能、用途、形状和主要规格是十分必要的。

1.4.1 玻璃仪器

精细化工实验玻璃仪器分为两类：一类为普通玻璃仪器；另一类为标准口仪器，即磨口仪器。目前大部分普通仪器被标准口仪器所取代。

(1) 常用玻璃仪器

常用玻璃仪器有锥形瓶、圆底烧瓶、平底烧瓶、三口烧瓶、冷凝管、吸滤瓶、长短颈漏斗、布氏漏斗、分液漏斗、滴液漏斗、分馏柱、蒸发皿、试管、烧杯、量桶、滴定管、各类接引管等。

标准口玻璃仪器是具有标准磨口或标准塞的玻璃仪器，常用的标准口规格为10、14、19、24、29、34等。这些数字编号系指磨口最大端直径毫米数，相同编号的内外磨口可以紧密相连。

常用的玻璃仪器见图1-1。

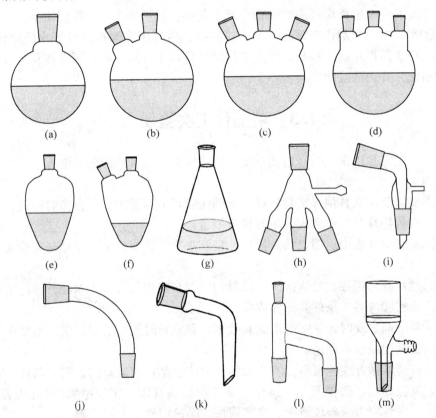

图1-1 玻璃仪器结构简图

(a)圆底烧瓶 (b)二口烧瓶 (c)斜颈三口烧瓶 (d)直颈三口烧瓶 (e)梨形瓶 (f)二口梨形瓶 (g)锥形瓶 (h)燕尾管 (i)真空接引管 (j)蒸馏弯头 (k)接引管 (l)二口管(U形管) (m)吸滤漏斗

(2) 玻璃仪器使用注意事项

① 轻拿轻放，安装松紧适度。

② 除试管、烧瓶、烧杯外，一般不能用火直接加热。

③ 锥形瓶、平底烧瓶等不耐压仪器不能用于减压系统。

④ 带活塞的玻璃器皿，用过洗净后，可分开旋转或在活塞和磨口间垫上纸片，以防粘住。

⑤ 使用磨口仪器时，磨口处必须洁净，若粘有固体物质，则使磨口对接不紧密，导致漏气，甚至损坏磨口。

⑥ 磨口仪器在装有强碱或在减压下使用时，磨口处应涂上一层薄薄的凡士林或真空油脂。

⑦ 温度计不能作搅拌棒用，也不能用来测量超过刻度范围的温度，温度计用后应缓慢冷却，不能立即用冷水冲洗。

(3) 玻璃仪器的洗净和干燥

玻璃仪器上沾有污物会干扰反应进程，直接影响反应的质量，最终影响产品的质量及得率，所以必须洗净玻璃仪器。常用洗涤、干燥方法有：

① 刷洗。如仪器不是很脏，可用毛刷蘸取洗衣粉或倒入少许洗涤剂，加水刷洗仪器内外壁，除去污物后，用清水冲洗干净。

② 溶剂浸洗。如用常规的方法刷洗不净时，可有选择性地使用易溶解污物的溶剂浸渍溶解，振荡或采取加热、用刷子刷洗等方法洗净仪器。

③ 洗液洗涤。如用溶剂也无法洗净时，可考虑用洗液洗涤。常用的洗液为铬酸洗液。洗液的配制方法为：将 5g 重铬酸钠溶于 5mL 水中，然后在搅拌下慢慢加入 100mL 浓硫酸。因洗液有很强的氧化性及腐蚀性，所以使用需特别小心，勿触及皮肤和衣物。用过的洗液应倒回以重复使用，直至其棕红色褪去，完全变为绿色后再弃去。

④ 酸碱液洗涤。原则上碱性污物用酸液洗涤，酸性污物用碱液洗涤。

⑤ 超生波洗涤。目前比较先进的洗涤方法，可强化仪器的洗涤效果。

⑥ 晾干。仪器洗净后，可开口向下挂置，任其自然晾干。

⑦ 烘干。可用烘箱加热到一定温度（通常 100~120℃），玻璃仪器开口朝上，蒸除水分或溶剂。应注意，采用烘干时，仪器的橡皮塞、软木塞需取下，分液漏斗和滴液漏斗需要拔去盖子和活塞后方可送去烘干。

⑧ 吹干。对于少量急待使用的仪器可用电吹风吹干。

1.4.2 实验室常用的分析仪器

(1) 电子天平

电子天平主要用于称量，具有快速方便、智能化的特点，可以配标准信号输出，直接接打印机、计算机，可以方便地去皮称量、累计称量、单位转换等。因此，电子天平广泛用于科学实验及生产中。电子天平有取代光电分析天平的趋势。

可选不同精度的电子天平，以满足实验的不同需要。

(2) 旋光仪

旋光仪是测定物质旋光度的仪器。通过对样品旋光度的测定，可以确定物质的浓度、纯度、糖度或含量；广泛应用于制糖、制药、药检、食品、香料、味精以及化工、石油等工业生产、科研、教学部门；做化验分析或过程质量控制。

(3) 酸度计

酸度计是测量溶液 pH 值的一种仪器，还可以测量离子浓度。广泛应用于工业、农业、科研、学校等。若配上信号输出接口和记录仪，则可以动态测定溶液的 pH 值和实现电位滴定。酸度计有台式和笔式，可根据实际情况选功能不同的仪器。

(4) 折光仪

折光仪是测定物质折射率的仪器。通过对样品折光度的测量，可以确定其含量，也可用于鉴定未知物，还可以用于研究分子结构。既可以测液体也可以测固体。其特点是用量少、操作方便、读数准确。

(5) 黏度计

黏度计是测量样品黏度的仪器。广泛用于油品、涂料、胶黏剂、化妆品、药物及其中间体、食品等黏度的测量，也用于测量它们的黏性阻力、绝对黏度。数字式黏度计显示稳定、操作方便，是黏度计发展的趋势。

(6) 气相色谱仪

气相色谱仪是利用气体作为流动相的一种色谱仪器，在化工、石油、环保、制药、烟草等很多领域均有广泛用途。在精细化工实验中，特别是精细有机合成中有重要用途。

(7) 分光光度计

分光光度计是依据相对测量原理对样品进行定性、定量分析的仪器。它广泛应用于冶金地质、机械制造、环境保护、生物工程、石油化工、医疗卫生、食品卫生、临床检验、药品检验、土壤肥料、农业、林业、卫生防疫等化学分析领域的生产、教学和科学研究中，特别适用于各种应用实验室，是实验室必备的分析仪器。

(8) 紫外吸收光谱仪

紫外吸收光谱仪检测原理是：当紫外线照射有机化合物时，引起分子中价电子能级的跃迁而产生吸收谱线。在精细化工实验中用于鉴定官能团、分子结构、定性和定量分析等。

(9) 红外吸收光谱仪

红外吸收光谱仪(IR)在有机中间体和许多精细化工产品的结构测定以及成分分析中应用广泛。有机化合物在红外区(2.5~15nm 或波数 4 000~660cm^{-1})具有特征吸收峰，因此可以有效地鉴定未知试样的官能团结构类型，或者通过与已知结构的红外光谱对比，确定其同一性。

(10) 核磁共振仪

核磁共振仪(NMR)是基于原子核的自旋性质，将原子核置于强磁场中，在一定的无线电辐射的诱导下，原子核能级发生跃迁，产生核磁共振曲线。具有试样用量少、速度快、准确性高等优点。主要有 ^1H-NMR 和 $^{13}C-NMR$ 等。用于分子结构测定。

(11) 高效液相色谱仪

高效液相色谱仪(HPLC)的主要优点是分辨率高，速度快，十几分钟到几十分钟即可完成，重复性高，色谱柱可反复使用，自动化操作，分析精确度高。根据分离过程中溶质分子与固定相相互作用的差别，高效液相色谱可分为4个基本类型，即液-固色谱、液-液色谱、离子交换色谱和体积排阻色谱。高效液相色谱仪广泛用于样品的分离、分析、纯化。在精细化工、医药工业、食品工业、环境保护及生物技术领域，主要用于分析高沸点、热不稳定、生理活性及大分子量物质。

（12）质谱仪

质谱仪是利用质谱现象对混合物分离、鉴定和结构分析的仪器。具有灵敏度高、测量范围宽、选择性好、分辨率高、快速有效等特点。

1.4.3 电热、电动仪器

（1）烘箱

一般使用恒温鼓风干燥箱。主要用来干燥玻璃仪器或烘干无腐蚀性、热稳定性比较好的药品。使用时应注意温度的调节与控制。

（2）红外灯

红外灯用于低沸点易燃液体的加热及少量样品的干燥。使用红外灯加热，既安全又能克服水浴加热时水汽可能进入反应体系的缺点，且加热温度易于调节，升温或降温速度快。使用时受热容器应正对灯面，中间留有空隙。

（3）电加热套

电加热套(电热套)是由玻璃纤维包裹着电热丝织成帽状的加热器，由于它不是明火，因此加热和蒸馏易燃有机物时，具有不易着火的优点，热效率也高。电加热套相当于一个均匀加热的空气浴。电加热套主要用做回流加热的热源。电加热套有很多类型和规格，有自动控温的、多孔式的，还有板式的。非自动控温的电加热套的加热温度通过调变压器控制。电加热套最高加热温度可达400℃，是精细化工实验中一种简便、安全的加热装置。

（4）旋转蒸发仪

旋转蒸发仪由电机带动可旋转的蒸发器(圆底烧瓶)、冷凝器和接受器组成。可以在常压或减压下操作，可一次性进料，也可分批吸入蒸发料液。由于蒸发器的不断旋转，可免加沸石而不会暴沸。蒸发器旋转时，会使料液附于瓶壁形成薄膜，蒸发面大大增加，加快蒸发速率。因此，旋转蒸发器是浓缩溶液、回收溶剂的理想装置。

（5）调压变压器

调压变压器是一种调节电压的仪器，实验室中主要是通过调节电压来调节加热温度或电动搅拌器的搅拌速率等。但使用时必须注意以下几方面的问题，即安全用电、接好地线、输入端与输出端不能接错、不允许超负荷使用、调节时要缓慢均匀、注意及时更换炭刷，用完后，旋钮回零断电，放在干燥通风处，不得靠近有腐蚀性的物体。不熟悉调压器的人，一定要按使用说明严格操作，或向熟悉的人学习。

（6）搅拌器

搅拌器是为了使反应均匀、完全，创造良好的操作条件，精细化工实验中经常使用搅拌器。实验室常用的搅拌器通常有两种,即电动机械搅拌器和电动磁力搅拌器。电动机械搅拌器是一种电机驱动、机械传动式搅拌装置,通过电子变速器或外接调压变压器可任意调节搅拌。

有一种电子变速的电动机械搅拌器,常被称为电子搅拌仪。使用时应注意:有接地保护、开启应逐渐升速、关闭应逐渐减速、搅拌速度适宜、应有人看管、不能超负荷运转。电动机械搅拌器长时间运转后,电机会发热,为了保护电机,电机温度不能超过 50~60℃(有烫手的感觉)。平时要注意保养,保持清洁、干燥、防潮、防腐蚀,轴承应经常加油保持润滑。

电动磁力搅拌器是一种靠电机驱动,借助磁力传动的搅拌装置。通常实验室用的电动磁力搅拌器还带有加热装置,称为磁力加热搅拌仪。使用时,应有接地保护,搅拌磁子必须冲洗干净,放置和取出搅拌磁子时应停止搅拌,搅拌开始时的速度也要由慢到快,如溶液洒落在磁盘上,应立即关闭电源,及时进行清理,以免溶液渗入电热丝及电机部分。

(7) 离心机

离心机是利用高速旋转的转鼓来实现液-固及液-液分离的设备。根据其转速不同,离心机可以分为普通离心机、高速离心机和超高速离心机,离心机的转速越高,其分离效果越好。

一台台式高速离心机,它具有微机控制、触摸面板、自动计算 RCF 离心力、用户编程操作和具有多种保护功能。

1.4.4 实验装置

(1) 搅拌装置

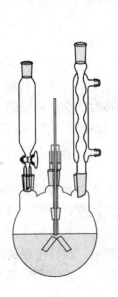
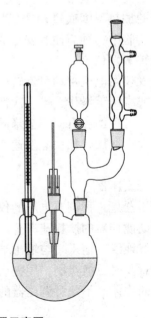

图 1-2 搅拌装置示意图

(2) 回流装置

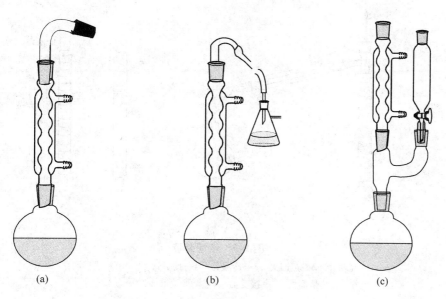

图 1-3　回流装置示意图
(a)可隔绝潮气的回流装置　(b)带有吸收反应中生成气体的回流装置
(c)可滴加液体的回流装置

(3) 蒸馏装置

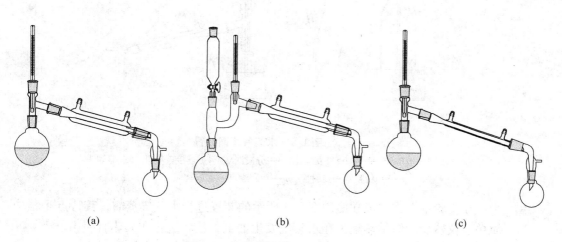

图 1-4　普通蒸馏装置示意图
(a)普通冷凝蒸馏装置　(b)可滴加料液的蒸馏装置　(c)空气冷凝蒸馏装置

(4) 精馏装置

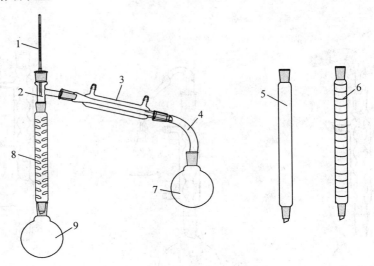

图 1-5　精馏装置
1—温度计　2—蒸馏头　3—冷凝器　4—接引管　5—填料式精馏柱
6—旋纹精馏柱　7—接受器　8—刺形精馏柱　9—蒸馏烧瓶

(5) 水蒸气蒸馏装置

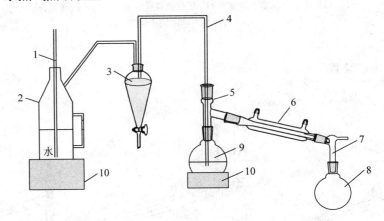

图 1-6　水蒸气蒸馏装置
1—玻璃管　2—水蒸气发生器　3—分液漏斗　4—连接玻璃管　5—蒸馏头
6—冷凝器　7—接引管　8—接受器　9—蒸馏烧瓶　10—加热浴

在实验室中，也经常使用图 1-6 所示的装置进行水蒸气蒸馏，其特点是结构简单、仪器少，但供热集中在水蒸气发生器上，比较适合在天热时使用。

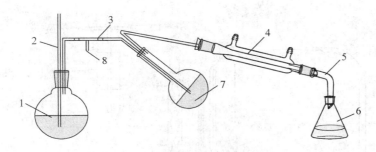

图 1-7　水蒸气蒸馏简易装置图
1—水蒸气发生器　2—安全管　3—连接管　4—冷凝管
5—接引管　6—接受器　7—蒸馏烧瓶　8—螺旋夹

(6) 气体保护反应蒸馏装置

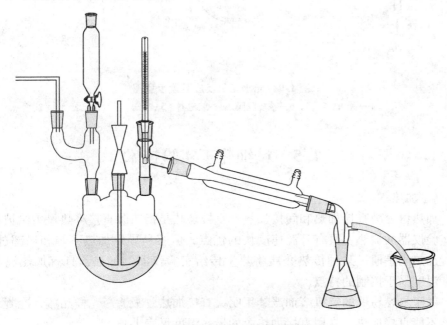

图 1-8　气体保护反应蒸馏装置示意图

(7) 无水无氧反应装置

无水无氧反应主要用于一些敏感介质，在没有专用设备的情况下，可以用干燥的普通仪器按图 1-9 组合成。图 1-9(a) 是反应装置的辅件，反应前，借助橡皮隔膜 6 冲洗注射器，然后将针头 1 插入橡胶隔膜 2 中，用氮气冲洗仪器。然后拔出针头插入橡胶隔膜 3，通入氮气维持氮气气氛。反应试剂从 2 用注射器加入，进料速度通过旋塞控制。

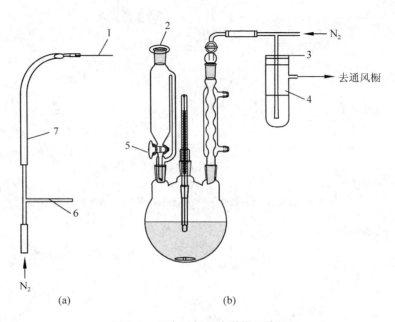

图 1-9　无水无氧反应装置示意图
1—针头　2,3,6—橡皮隔膜　4—鼓泡器　5—旋塞　7—橡皮管

1.5　精细化工实验技术

1.5.1　加热

加热可分为直接加热和间接加热。直接加热是指热源直接将热量传给被加热的实验仪器的加热，具有升温速度快的优点，但容易导致加热不匀和局部过热；间接加热则是通过某种传热介质将热量传给实验仪器的加热，具有加热温和稳定、温度易于控制的特点。

对于易燃易爆的有机溶剂严禁用明火直接加热；吸滤瓶、样品瓶、冷凝管等仪器不能直接加热。常用直接加热源的最高温度见表 1-1。

表 1-1　常用直接加热源的最高温度

热源名称	最高温度/℃	热源名称	最高温度/℃
酒精灯	1 000~1 200	电炉	1 800
煤气灯	700~1 200	管式炉	1 300
煤气吹灯	1 600	烘箱	300

间接加热中，采用不同加热介质可以获得不同加热浴，常用加热浴列于表 1-2 中。

使用热浴时，被加热容器不能触及热浴的底部或器壁，热浴的液面应稍高于被加热容器内的液面。如果加热介质蒸发较快，应及时补充加热介质。最常用的热浴是空气浴，如电热套。水浴和油浴也是实验室常用的加热浴。但使用到钾、

表 1-2 加热浴一览表

类别	加热介质	容器	使用温度/℃	注意事项
水浴	水	铜锅等	≤95	使用无机盐水溶液可提高沸点,饱和氯化钙水溶液可达180℃
蒸汽浴	水蒸气	夹套	≤95	要及时排放冷凝水
普通油浴	植物油、甘油、石蜡	铜锅等	≤250	250℃以上会冒烟或燃烧;切勿溅入水
导热油浴	导热油	铜锅等	≤350	使用时,应根据温度范围选用导热油
沙浴	细沙	铁盘	高温	升温要慢,使受热均匀;温度很难控制
盐浴	亚硝酸钠(40%)、亚硝酸钠(7%)、硝酸钾(53%)混合物	不锈钢锅等	142~680	切勿溅入水,应将无机盐保存于干燥器中
金属浴	低熔点金属合金	铁锅	金属不同温度不同	加热至350℃以上可能氧化
酸浴	浓硫酸	烧瓶	≤250	加入30%~40% K_2SO_4 可使温度升至300~350℃;吸水后温度下降
空气浴	空气	电热套	≤300	对80℃以上的液体均可采用

钠等遇水着火甚至爆炸的物质时,严禁用水浴加热。在使用油浴时,不能有水混入,加热时也不能有水溅入,以免造成热液体飞溅发生烫伤。

在加热或保温过程中,可通过调节热源与热浴距离或通过调压器调节电压来控制温度。如果需要长时间保持温度恒定,那么应采用带自动温控系统的热浴。

1.5.2 冷却、冷凝

冷却是采用冷却介质使系统降温的操作。当被冷物从气相变为液相时,称为冷凝。实验中,常用的冷却、冷凝设备是玻璃冷凝管。冷凝管的类型有多种,如图 1-10 所示。冷凝管的冷凝面积越大,冷凝效果越好。

最常用的冷却介质是水和空气。为了实现低温的冷却,需要采用一些致冷用冷却介质,比如冰-水混合物、冷冻盐水、液氨、干冰、液氮等。不同致冷用冷却剂的致冷温度范围见表 1-3。

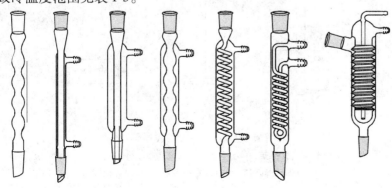

图 1-10 玻璃冷凝管

表 1-3　致冷用冷却剂的组成与冷却温度

冷却剂及其组成	可冷却的最低温度/℃	冷却剂及其组成	可冷却的最低温度/℃
冰水混合物(碎冰)	0	干冰 + 丙酮	-78
氯化钠(1 份) + 碎冰(3 份)	-21.3	干冰 + 乙醚	-100
结晶氯化钙(143 份) + 碎冰(100 份)	-54.9	液氨 + 乙醚	-116
液氨(常压蒸发)	-33	液氮	-195.8
干冰 + 乙醇	-72		

当温度高于 -10℃ 时，可用玻璃或瓷质容器盛放冷却介质；当温度要求更低时，应在杜瓦(Dewar)瓶冷阱中盛放冷却介质；当使用低于 -20℃ 的冷却剂时，应避免用手直接接触，以免被冻伤；当要求长期低温保存物质时，应将其密封在适当的容器中，放入冰箱。

除冰箱、冷冻机和杜瓦瓶冷阱外，新型半导体致冷器件已在实验室中应用。半导体致冷又称电子冷冻或温差致冷。半导体致冷器件是由特殊的半导体材料制成的，具有无噪声，可微型化，使用方便，能长时间连续运转，易实现高精度温度控制等优点，最低致冷温度可达到 -60℃。

1.5.3　搅拌

实验室中，搅拌可以采用手动和电动。手动搅拌是指用玻璃棒搅拌或手摇操作。电动搅拌指通过电动搅拌器实现搅拌操作。多数场合采用电动搅拌，操作稳定且易于控制。

常用搅拌棒形式，如图 1-11 所示。其中搅拌棒(a)、(b)、(c)适于在圆底

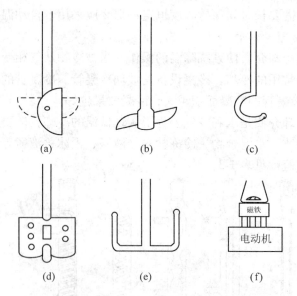

图 1-11　常用搅拌棒形式
(a)平桨式搅拌器　(b)小螺旋桨式搅拌器　(c)刮壁式搅拌器
(d)框式搅拌器　(e)锚式搅拌器　(f)磁力搅拌器

烧瓶中使用；搅拌棒(d)、(e)适于在烧杯中使用；刮壁式搅拌棒(c)和小螺旋桨式搅拌棒(b)适于黏稠物料和悬浮物料；磁力搅拌器(f)能在完全密闭的装置内进行搅拌，它是由电机驱动磁铁旋转，磁铁带动磁石实现搅拌的。搅拌棒材料多为玻璃或金属，但近年来趋向用聚四氟乙烯树脂材料。在精细化工实验中，建议采用聚四氟乙烯材料的搅拌棒，因为这种搅拌棒能耐腐蚀，并且不易碎。

此外，实验室中也会用到其他一些搅拌操作，比如，通过气体在液体中鼓泡产生搅拌、使用振荡器进行搅拌、使用超声波产生振荡等。

1.5.4 加压与减压

（1）加压

如果反应物料较少且压力较低，可采用封管实现加压；如果反应物料较多、压力较高，则需要在高压反应釜中实现加压。

封管由耐压玻璃制成，反应温度可达到400℃，压力达到2~3MPa。其操作是将反应混合物用长颈漏斗小心地装入封管底部，至少保留75%的剩余空间。再将封管开口端熔封，放于管式炉中，然后调节温度，进行反应。反应结束，封管冷却后取出。在对眼睛有保护情况下（戴上护目镜），将封管上半部分截断，取出反应物。封管加压常用于化合物结构分析中的热裂解试验等。

在实验室中，更多的是利用高压釜进行加压操作。利用高压釜加压，操作简便、安全，且易控制。高压釜的釜体多以高强度的镍铬不锈钢制成，耐腐蚀性能良好，有0.1L、0.5L、1L、2L和5L等多种规格。高压釜的最高工作压力视具体设备而定，在9.8~29.4MPa之间。出于安全，高压釜上配有安全阀或防爆膜。高压釜搅拌传动方式最好采用电动磁力传动。如果采用电动机械传动，则需要解决轴与釜之间的密封问题，并使最高工作压力降低。目前，玻璃高压釜已面市，有多种规格，其釜体材料为玻璃。玻璃高压釜的优点是能直接观察反应过程，并可弥补不锈钢高压釜在耐腐蚀方面的不足。

在使用高压釜时，必须严格执行操作规程。

（2）减压或抽真空

若真空度要求不高，则可以通过简易水喷射式真空泵实现减压的目的；若真空度要求比较高，则应该采用规格适当的真空泵。根据压力的大小，真空可分为粗真空（压力1 000~101 325Pa）、次高真空（压力0.1~1 000Pa）和高真空（压力小于0.1Pa）。

水喷射式真空泵是利用静压能与动能的转换原理造成真空的，即流动越快的地方压力越低的原理。当气体被吸入后，高速水流会带着吸入的气体排出泵外。简易的水流喷射泵价格低、操作简单，但耗水量很大，抽气量小，一般仅用于抽滤。在水压较高和温度较低时，它可以产生0.8~15kPa的低压。

循环水真空泵是以循环水作为工作流体，依据射流产生真空。工作时泵体内需不断补充水，将水加至箱体内循环使用，并定期更换。真空泵长期不用时，应将水排空并涂防锈油。循环水真空泵的真空度受水蒸气压力的限制，温度越低真空度越高，压力可低至0.5~1kPa。

油泵多为旋片式真空泵,可达到"次高"真空。但使用时应避免易凝结的蒸汽或腐蚀性气体进入泵体。油泵一般不能连续工作过长时间,否则易发热,使油挥发。此外,应定期检修、及时换油。如果要获得"高"真空,就必须采用油扩散泵。

实验室中进行真空操作时,为防止液体倒吸或液柱压力计内指示液冲出,必须在真空泵和系统之间连接体积较大的安全瓶(缓冲瓶),如图 1-12 所示。安全瓶通过胶管、玻璃管的配合,分别与系统、真空泵及压力计相连,为了便于控制,还通过一带有旋塞的玻璃管与大气相连。如不需要测压,也可不接压力计。由于真空操作要求系统有良好的气密性,因此真空装置均采用磨口接头,并且实验前应检查是否漏气。

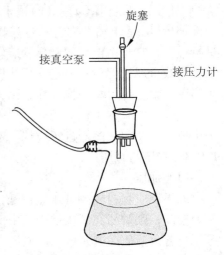

图 1-12 真空缓冲瓶

操作结束后,为了防止空气突然进入被加热的装置,形成有机物蒸气与空气的爆炸性混合物,引发爆炸,因此必须待系统冷却至适当温度后再通大气,压力恢复常压后才能关闭真空泵。

(3) 压力测量

实验室中常用的压力计是液柱式压力计,指示剂有水银、四氯化碳、水、酒精和空气等多种。应用最多的是水银液柱式压力计,分为开口式和闭口式两种。

开口式压力计:如图 1-13(a)所示,装有水银的 U 型管,一端通常与大气相

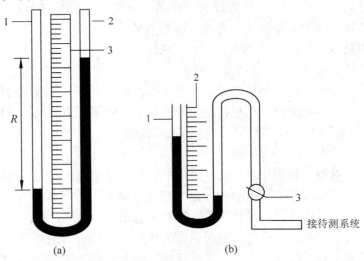

图 1-13 真空压差计

(a)U 型压力计　　(b)闭口式压力计

1,2—测压接口　3—标尺　　1—封口　2—标尺　3—旋塞

连，一端与待测系统相连。通常将压力计固定在装有标尺的金属或木板上。为防止汞蒸发，可在两支管的汞柱上面加少量煤油或水。根据两支管水银液柱的高度差 R（压力计读数），可以计算出压力差，再换算得到系统的压力。通常压力计管高为 760mm，既可测量表压也可测量真空度。使用时应注意防止水银冲出管外，一旦冲出，要及时用硫黄粉处理。

闭口式压力计：如图 1-13(b)所示，一端封闭，另一端接待测系统，仅适用于测量真空度。U 型压力计两支管中汞柱的高度差（压力计读数），即为系统内的绝压。闭口式压力计支管高 200mm，用于测量绝对压力在 200mmHg 以下的压力。闭口式压力计结构紧凑、使用方便，但水银的装填比较麻烦。

（4）压力的稳定

恒压器如图 1-14 所示，主要部件是置于水银中的浮筒 2，它的上端装有一个软橡皮塞，开动真空泵，在预期的压力即将达到时，关闭旋塞 4，使浮筒 2 内气体与系统隔开，从而起到调节真空度的作用。当系统内压力降低到一定限度时，浮筒 2 内气体膨胀，使之上浮，将毛细管 3 封闭；当系统内压力上升，浮筒下降，使毛细管 3 畅通，系统内的气体被抽走，压力保持恒定。当压力恒定的要求较高时，可将多个恒压器串联使用。

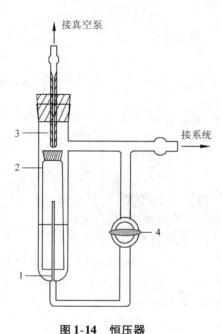

图 1-14　恒压器
1—汞　2—浮筒　3—毛细管　4—旋塞

1.5.5　过滤

实验室常用的过滤介质包括滤纸、滤布、玻璃砂芯等。

滤纸是实验室中应用最多的一种过滤介质。滤纸分为定性滤纸和定量滤纸。实验中一般用定性滤纸，只有在定量分析时才使用定量滤纸。

当采用圆锥形漏斗过滤时，滤纸折叠方法有两种，即平折法（见图 1-15）和褶折法（见图 1-16）。滤纸折叠操作分别按两图从(a)折到(e)即可。平折法适用于普通重力过滤，滤纸表面光滑，滤渣易于回收，但滤纸的利用率低，过滤速度慢；褶折法适用于快速过滤，滤纸利用率高，过滤速度快，但滤渣不易回收。

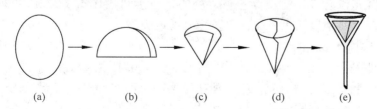

图 1-15　滤纸平折示意图

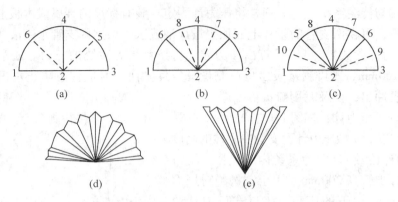

图 1-16 滤纸褶折示意图

当过滤强氧化性、强酸性和强碱性物料时，必须用玻璃布、石棉布或无纺布（聚丙烯、尼龙）等代替滤纸。对于非强碱性悬浮液，也可使用玻璃坩埚或砂芯漏斗等进行过滤。

当过滤含较大颗粒的物料时，可以不用滤纸，而在漏斗的颈部放适量疏松的棉花或玻璃丝等代替滤纸。

当过滤含有极细或有黏性固体颗粒的物料时，为了加快过滤速度，过滤前可进行静置沉降处理，过滤中先过滤上层较为澄清的部分，再过滤下层含固体颗粒多的部分。若过滤目的是除去固体颗粒，则为了加快过滤速度，可考虑在待过滤物料液中加入硅藻土、石棉丝、玻璃丝等助滤物质，使滤饼有足够的孔隙率，减小过滤阻力。

(1) 常压过滤

常压过滤的推动力是重力，多采用圆锥形玻璃漏斗和滤纸实现。操作方法是将滤纸按一定方法折叠好，轻轻放入漏斗中，其边缘要比漏斗边缘略低，先对滤纸进行润湿，再过滤。

(2) 减压过滤

减压过滤是指在过滤介质下游减压的过滤操作，过滤的推动力是过滤介质上、下游的压力差。减压过滤装置如图 1-17 所示。过滤前将滤纸剪好，平铺在布氏漏斗的布孔底面上，滤纸大小以刚好覆盖布氏漏斗布孔底面的全部滤孔为宜，如图 1-18 所示。过滤时，先湿润滤纸，接真空系统，开真空泵，使滤纸紧贴在漏斗上，再小心把过滤物料倒入漏斗，使固体均匀分布在整个滤纸面上，一直抽气到几乎没有液体滤出为止。过滤的真空度可由图 1-17 阀门 4 进行调节。起初抽气时，真空度不可过高，以防止滤纸被吸破。

(3) 热过滤

热过滤是指在较高温度下进行的过滤操作。主要用来从悬浮液中过滤除去不溶性杂质以制备澄清的溶液，或处理在温度降低时可能有结晶析出的悬浮体系，或含有悬浮颗粒的饱和溶液物料，其过滤操作必须使用热过滤。

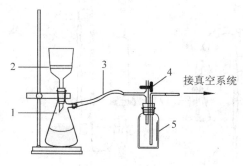
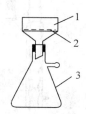

图 1-17　减压过滤装置
1—吸滤瓶　2—布氏漏斗　3—连接管
4—放空阀　5—安全瓶

图 1-18　滤纸放置示意图
1—布氏漏斗　2—滤纸　3—吸滤瓶

实验中热过滤的实现主要有两种途径：第一，对于温度较高的物料，采用褶折法折叠滤纸，进行快速过滤使过滤过程缩短，从而使整个过滤过程在较高的温度下进行，如图 1-19 所示；第二，采用保温漏斗，使过滤在保温下进行，如图 1-20 所示。当然，也可以将两者结合使用。

热过滤中必须注意：①常压热过滤时应尽量使用颈短且粗的漏斗，以防止结晶析出，堵塞漏斗。②减压热过滤时压力不要太低，以防止过滤下游的溶剂蒸发过快，另外，减压热过滤中必须接缓冲瓶，必要时还要使用冷阱冷却缓冲瓶以回收蒸发的溶剂。③为了防止过滤上游的溶剂蒸发和热量散失过快，热过滤时可将漏斗口用表面皿盖住。

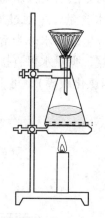
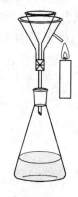

图 1-19　褶折滤纸及保温滤液的热过滤　　1-20　使用保温漏斗的热过滤

1.5.6　回流与分水

（1）回流

回流是使蒸出的液体蒸气冷凝成液体再回到物料主体的操作。回流操作是在液体的沸点下进行的。为了避免液体气化逸出，常需要采用回流操作。回流装置常用有三种，见图 1-21。回流时，冷凝措施通常是让冷却水自下而上通过球形冷凝管的夹套，蒸汽在冷凝管中冷凝；加热方式可根据烧瓶内液体的特性和沸点的高低选用，比如水浴、油浴或石棉网直接加热等。在回流时，为了防止暴沸需

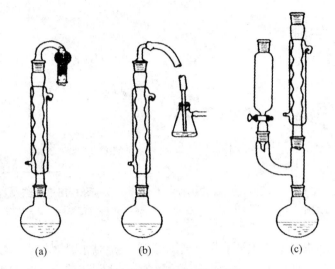

图 1-21 回流装置示意图
(a)可隔绝潮气的回流装置　(b)带有吸收反应中生成气体的回流装置
(c)可滴加液体的回流装置

要在烧瓶内加入几粒沸石，另外应控制上升蒸汽在冷凝管中的高度，以不超过两个球为宜。

(2) 分水

分水是指在回流的基础上，利用密度差别实现水与其他液体分离的操作。为了使反应向有利的方向进行，常利用加热回流的方法借助分水器分离出生成的水分。有时为了控制反应温度或降低反应体系中水含量，可通过加入适当的溶剂，与水形成共沸混合物，从而带走热量并蒸除反应生成的水。当溶剂密度比水小时（如苯、甲苯），可采用图1-22(a)所示的分水器，少量水可直接计量，也可由底部旋塞放出。当溶剂密度比水大时（如氯仿、四氯化碳等），可采用图1-22(b)和

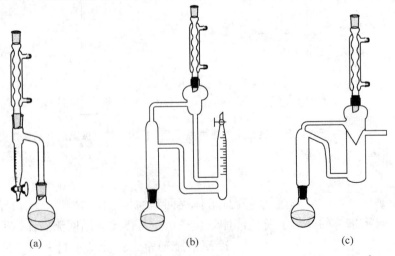

图 1-22 分水器
(a)底部水分　(b)顶部水分　(c)连续水分

(c)所示的分水器,但在使用前必须用所选溶剂充满分水器,以避免生成的水流回反应器。

1.5.7 蒸馏

(1) 简单蒸馏

简单蒸馏是将均相混合液体进行一次部分气化和冷凝的分离操作,通常在常压下操作。待分离的液体混合物加入蒸馏烧瓶中,加热至沸腾,产生的蒸汽经冷凝管冷凝,作为馏出产品。如果混合物中有多个组分,那么可以根据沸程变化,使用多个接收器,分别接收不同的馏出产品。

必须指出,蒸馏时必须搅拌良好或加入助沸物,以引入气化中心,确保液体平稳沸腾,避免发生暴沸现象。若一旦发生暴沸,则会产生大量气泡,并夹带着液体冲出,使蒸馏失败,甚至发生危险。

(2) 减压蒸馏

减压蒸馏是指操作压力低于大气压力的蒸馏过程,也叫真空蒸馏。蒸馏是在沸点下进行的。有些高沸点或低熔点有机物,在达到常压沸点前会发生分解、氧化、重排、聚合等反应。因此,这类物质混合液体的分离必须通过降低操作压力实现降低操作温度的办法进行蒸馏。

在减压蒸馏时,必须特别注意安全操作,严格按操作规程操作。在减压蒸馏中,切勿使用有裂缝或薄厚不匀的玻璃仪器,以避免这类玻璃仪器在承受一定外压后可能引起的内向爆炸,引起人身伤害及其他事故。减压蒸馏中,不可以用平底烧瓶作蒸馏用容器。

(3) 水蒸气蒸馏

水蒸气蒸馏是指用水蒸气作热源的蒸馏操作,主要用于以下三种情况分离。①在混合物中含有大量固体,通常,不适宜用蒸馏、过滤、萃取等方法分离,比如,从固体无机盐中提取挥发性物质;②在混合物中含有焦油状物质,不宜用蒸馏、过滤、萃取等方法分离,比如,从生物残体、树脂状反应混合物等中提取挥发性物质;③在常压下,混合物的沸点比较高,蒸馏时会发生分解的高沸点有机物的分离,比如,从含有邻硝基苯酚和2,4-二硝基苯酚的苯溶液中提取挥发性的邻硝基苯酚(熔点45℃,沸点214~215℃)。

使用水蒸气蒸馏时,待分离物质必须具备下列条件:①常温下不溶或微溶于水;②在操作温度下长时间与水接触而不发生化学变化;③具有一定的蒸气压,在近100℃时其蒸气压应不小于1.3kPa。如果在100℃时待分离物质的蒸气压仍较低,则可利用过热蒸气来进行蒸馏。

水蒸气的冷凝潜热较大,故水蒸气蒸馏操作应采用高效冷凝管。另外,水蒸气蒸馏的速率不要太快,以每秒2~3滴馏出液的速率为宜。为了防止水蒸气过多地在蒸馏烧瓶中冷凝,可以小火加热蒸馏烧瓶。

(4) 精馏

精馏是将混合液体进行多次部分气化和多次冷凝的分离操作。主要用于多组分混合液的分离、难分离的混合液及分离要求很高的场合。

值得注意的是，为达到预期的分馏效果，必须保持分馏柱中有一定的回流液体量。

1.5.8 干燥

(1) 气体的干燥

气体的干燥可以通过图 1-23 和图 1-24 所示的装置实现。当用液体干燥剂时，图 1-23 适合，比如氩气、氮气、氦气、氯气等气体干燥，可用浓硫酸作干燥剂干燥。方法是让被干燥气体通过装有浓硫酸的洗气瓶，即获得干燥，浓硫酸的装量不应超过洗气瓶体积的一半。当用固体干燥剂时，图 1-24 适合，操作中干燥剂的颗粒大小要适当。过小则间隙太小，气体不易通过；过大则减少了干燥剂与气体的接触面积，影响干燥效果。对于易吸湿结块的干燥剂（如五氧化二磷），应掺混在石棉纤维、玻璃纤维等惰性载体上，以确保气体顺畅通过。

对于冷凝温度较高的湿组分（如水蒸气），还可用冷凝法干燥。该法是借助冷阱来降低温度，使水蒸气冷凝或凝固而获得脱水。常用的冷却介质包括冰、冰水-盐混合物、干冰等。

气体干燥还可采用硅胶吸附法和分子筛脱水法等。

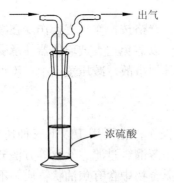
图 1-23 洗气瓶干燥气体装置

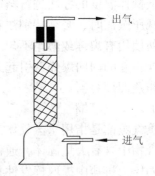
图 1-24 干燥塔干燥气体装置

(2) 液体的干燥

干燥剂法是指利用干燥剂除去液体中杂质液体的方法。常用干燥剂有无水氯化钙、无水硫酸镁、无水硫酸钠、碳酸钾、氢氧化钠、氢氧化钾、氧化钙、金属钠等。

操作中，将颗粒状或粉状干燥剂与液体混合，充分振摇，当水分含量降低到符合要求后将干燥剂滤出。为了达到干燥要求，干燥剂实际用量应为理论用量的 5~10 倍。为了提高干燥效果，可分批加入干燥剂。有时，加入干燥剂后会形成水相，这是由于干燥剂吸水后形成的水相与原溶液互不相溶造成的，操作中可先将水相吸出，再加入新鲜干燥剂继续干燥。

分子筛法是利用分子筛的选择性除去液体中水等小分子化合物的干燥方法。分子筛是具有多孔骨架结构的沸石型水合硅铝酸盐，骨架结构中具有孔径均匀的通道和排列整齐、内表面积相当大的孔穴。当混合液体与分子筛接触时，只有比孔穴孔径小的分子才能进入孔穴，从而使不同大小的分子得以分离。常用分子筛的型号包括 3A、4A 和 5A 三种型号，其孔径分别为 0.32~0.33nm、0.42~0.47nm 和 0.49~0.55nm。它们具有脱水快、容量大、可再生及可做成各种形状的特点。

用分子筛干燥液体时，通常将分子筛散放于待干燥的液体中，充分振摇，干燥一定时间后过滤分离。也可将分子筛装入干燥过的细长棉布袋中，再放入待干燥的液体中，干燥后将袋子取出即可。当分子筛干燥能力减弱到一定值后，必须再生。实验室再生方法主要是在真空条件下或干燥的空气中，加热至 400℃。这种方法温度高，会缩短分子筛的使用寿命，工业上已普遍采用变压吸附法在温和的条件下进行再生。

在精细化工实验中，采用共沸蒸馏法除去液体中水分的方法也比较常用。方法是向待分离液体中加入某种能与水形成共沸物（通常是低沸物）的物质作为挟带剂，然后进行蒸馏，蒸出共沸物以除去水分。

金属钠、氧化钙、氢化钙和五氧化二磷等由于可与水反应生成稳定的化合物，因而具有很高的干燥强度。一些不与此类干燥剂作用的液体，如二氯甲烷、二硫化碳、乙腈等，在这些干燥剂的存在下通过蒸馏可彻底除去水分。

（3）固体的干燥

① 自然晾干　将滤饼压干，薄薄地摊开在滤纸上，盖上另一张滤纸，在空气中晾干即可。该方法干燥动力小，适用于熔点较低、对热不稳定且易干燥的物质，尤其是用于除去固体中的乙醚、丙酮等低沸点溶剂。

② 加热干燥　是指通过供热移去混合物中湿组分的操作。供热方法可以是导热、对流、辐射及介电等多种方式。

电热烘箱适用于热稳定的固体物质的干燥，加热温度应至少低于待干燥物熔点 20~30℃，以免变色或分解。一般温度波动范围为 5~10℃，升温时的余热会使温度超过预定温度，操作中应在温度相对恒定时放入待干燥物，并且尽量避免放入含湿量很高的待干燥物，以防止烘箱锈蚀。除外，气流干燥器、红外灯、红外烤箱、微波炉等也是实验室常用的固体干燥设备。气流干燥器是靠热风的对流作用干燥，干燥速率比普通电热烘箱快。红外灯、红外烤箱属于辅助干燥设备，具有干净、卫生和热效率高的特点，但表面易于过热。微波炉属于介电加热干燥设备，主要适用于含水物料的干燥，操作干净、卫生、热效率极高，由于微波加热的热量是从内向外传递的，因此能够保持良好的外观性状。

③ 干燥器内干燥与保干　不宜加热、含水量很少且较难干燥的固体物料可在干燥器中进行干燥。干燥器，如图 1-25 所示，底部放有干燥剂，瓷板上放置待干燥物。常用的干燥剂有氯化钙、硅胶等。如果干燥要求比较高，那么可以使用真空干燥器进行干燥，如图 1-26 所示。真空干燥过程中，通过顶部活塞控制干燥器内达到一定的真空度，关上活塞，放置一定时间，直至达到干燥要求。干燥结束后，在通入空气时，应尽量缓慢，以免空气吹散被干燥的物质。

如果一次干燥不能达到要求，可以重复以上操作。干燥器也常用于酸酐、甘油、五氧化二磷等易吸潮物料的保干。

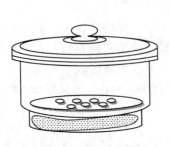

图 1-25　玻璃干燥器

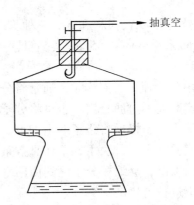

图 1-26　真空玻璃干燥器

④减压恒温干燥　减压恒温干燥法效率很高，特别适于干燥少量样品。减压恒温干燥器如图 1-27 所示。使用时将样品放在夹层内，连接盛有五氧化二磷等干燥剂的曲颈瓶，然后抽真空、关闭活塞，并加热溶剂至回流，使溶剂的蒸汽充满夹层的外层。这样，样品就在恒温减压下被干燥。干燥过程中应每隔一定的时间抽真空，以保持真空度。

⑤流化床干燥法　在干燥有些固体物料时，容易聚集、结块并难以粉碎可考虑选用流化床干燥法。比如颜料、医药等需要在高度分散状态下使用，要求产品干燥后容易分散，此时采用流化床干燥法是比较适宜的。流化床干

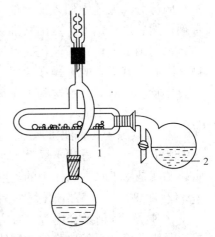

图 1-27　减压恒温干燥器
1—被干燥物质　2—干燥剂

燥法的操作过程是：在一个细孔圆盘上放有直径为 3～5mm 的玻璃珠和瓷珠，在圆盘底部向上鼓风，使小球在上面呈流化状态，待干燥的浆状物料由顶部逐渐加入。随水分的蒸发和气化以及小球之间的滚动、挤压，浆状物料被干燥成细粉状，被热风吹出，进入旋风分离器分离。最后，干燥好的细粉落入容器中。整个干燥过程连续进行，通过调节风量、风温、加料速度以及换用不同规格的旋风分离器等可达到不同的干燥和粉碎效果。

此外，旋转闪蒸干燥法和喷雾干燥法在固体干燥中也有应用。旋转闪蒸干燥法是在不断搅拌、粉碎的同时，蒸发物料中的水分。喷雾干燥法是将溶液以雾状喷入热气流中，将溶剂蒸发的过程。上述两法干燥后的产品分散度均较好。

1.5.9　结晶与重结晶

(1) 结晶

结晶是固体物质以晶体状态从溶液中析出的过程。结晶分两个步骤，包括晶核形成和晶核成长。

①结晶方法

冷却法：此法是通过降温造成溶液的过饱和。适用于溶解度随温度降低而显

著减小的溶液结晶，比如，硝酸钾等无机盐。

蒸发冷却法：此法通过蒸发除去部分溶剂，再冷却达到过饱和。适用于溶解度随温度降低而变化不大的溶液结晶，比如，氯化钠等无机盐。有时可能只用蒸发的方法。

反应结晶法：此法是向原溶液中加入反应剂，该物质加入后反应产生新的物质，当该新物质的溶解超过饱和溶解度时，就会有结晶析出。

②影响结晶的因素

过饱和度：过饱和度大有利于形成多而小的晶体；反之，形成少而大的晶体。

冷却速度：快速冷却，能够形成较大的过饱和度。因此，冷却速度越快，越有利于形成多而小的晶体；反之，形成粗大的晶体。

搅拌速度：搅拌速度增加，既有利于晶核的形成，也有利于晶体的成长，因此，保持适当的搅拌速度才能达到理想的结晶效果。通常由实验确定适宜的搅拌速度。

晶种：在溶液中加入与结晶体相同的小晶体颗粒，称为晶种。晶种的加入，有利于晶核的形成，也有利于控制晶体的形成、晶体的数量和大小。

杂质：溶液中杂质的存在，会对结晶产生不利影响，杂质含量越高，影响越大，当高到一定程度时，可能会造成结晶无法进行。因此，在结晶时必须预测杂质可能的影响，及时消除，确保结晶操作的正常进行。

（2）重结晶

利用被提纯物质在特定溶剂中的溶解度不同，使被提纯物质溶解再从过饱和溶液中析出而分离的方法，称为重结晶。其操作是把固体溶解在热的溶剂中达到饱和，再通过冷却使溶解度降低，让溶液变成过饱和而析出。显然，重结晶的关键在于溶剂的选择。

①合适的溶剂必须具备的条件

• 与被提纯物质不起化学反应；

• 在较高温度时能溶解多量的被提纯物质，而在室温或更低温度时，只能溶解很少量的该种物质；

• 对杂质的溶解非常大或者非常小；

• 容易挥发（溶剂的沸点较低），易与结晶分离除去；

• 能形成理想的晶体；

• 无毒或毒性很小，便于操作；

• 价廉易得。

②合适的溶剂经常采用试验的方法进行选择　取 0.1g 目标物质于一小试管中，滴加约 1mL 溶剂，加热至沸。若完全溶解，且冷却后能析出大量晶体，则此溶剂是合适的。如目标物质在较大的温度范围内，都能溶于 1mL 溶剂中，则此溶剂是不适用的。若目标物质不溶于 1mL 沸腾溶剂中，可再分批加入溶剂，每次加入 0.5mL，并加热至沸，当共用 3mL 热溶剂时目标物质仍未溶解，则此

种溶剂也是不适用的。若目标物质溶于 3mL 以内的热溶剂中,冷却后却无结晶析出,则此溶剂也是不适用的。

③重结晶的操作　重结晶操作主要分五个步骤,包括制备热溶液、热过滤、冷却结晶、过滤洗涤和晶体干燥。每步操作都必须耐心和规范操作。

若固体粗品中含有色杂质,则在重结晶时可在物质溶解之后,加入粉状活性炭或颗粒炭进行脱色,也可加入滤纸浆、硅藻土等使溶液澄清。

有机物形成过饱和物的倾向很大,常不能自发结晶。为了促使其结晶,可采用以下方法:

- 加入同种物质或类质同晶物的晶种。
- 用尖锐的玻璃棒摩擦器壁,以形成晶核,此后晶体即沿此核心生长。
- 过冷到 -70℃,然后一边摩擦容器壁,一边让其慢慢地加热。低温有利于晶核的生成,但不利晶体的生长,因此一旦有晶体出现,立即移出浴槽,使温度逐渐回升,以获得较好的晶体。重结晶只适用于杂质含量不超过 5% 的物系的分离。当杂质过多很难结晶时,需要用其他手段初步纯化,最简便有效的方法是用活性炭吸附除去可能吸附的树脂状物质,或通过一根短的吸附柱进行过滤。

重结晶产物过滤洗涤时,可先用原溶剂洗涤一次后,若原溶剂沸点较高,则在再次洗涤时用低沸点的溶剂洗涤,这样做可以使晶体易于干燥。但此溶剂必须能与原溶剂混溶,且晶体不溶或微溶于此溶剂。

重结晶产物干燥可根据晶体的性质选用,比如空气中晾干、真空抽干和烘干等。

1.5.10　萃取

(1) 萃取原理

一种物质在两种互不相溶的液相中的溶解分配符合能斯特分配定律:

$$K = \frac{c_A}{c_B}$$

式中:K——分配系数;
　　　c_A——溶质在萃取相中的物质的量浓度,mol/m^3;
　　　c_B——溶质在萃余相中的物质的量浓度,mol/m^3。

当 $K \geq 100$ 时,如果所用萃取剂的体积与原溶液体积大致相等,则一次简单萃取可将 99% 以上的该物质萃取至萃取相中;而当 K 较小时,必须用新鲜溶剂多次萃取才能达到要求。

多次用少量溶剂萃取比用总量相同的溶剂一次萃取的效果好,尤其是当分配系数较小时效果更好。由能斯特分配定律推导可得:

$$W_n = W_0 \left(\frac{KV}{KV + S} \right)^n$$

式中:W_n——n 次萃取后原溶液中所剩被萃取物的质量;
　　　W_0——被萃取物的总质量;
　　　V——原溶液的体积;

S——加入萃取剂的总体积；

K——分配系数，通常萃取次数 n 取 3~5 为宜。当 $n \geqslant 5$ 时，再增加萃取次数，值变化很小。

(2) 萃取剂的选择

萃取剂必须具有溶解度大和选择性高的特点，而为了容易分离，萃取剂与原溶液中的溶剂必须互不相溶，且密度相差较大。此外，萃取剂还应该价格低廉、来源广泛、无毒无害、化学性质稳定。

常用的萃取剂有水、石油醚、二氯甲烷、氯仿、四氯化碳以及乙醚等。混合溶剂的萃取效果常比单一溶剂好得多，乙醚－苯、氯仿－乙酸乙酯（或四氢呋喃）都是良好的混合溶剂。当从水相萃取有机物时，向水溶液中加入无机盐能显著提高萃取效率，这是因为，无机盐的加入，提高了分配系数。对于酸性萃取物应向水溶液中加入硫酸铵；对于中性和碱性萃取物宜用氯化钠。

实际应用中常采用一些可以与被萃取物反应的酸、碱作为萃取剂。例如，用 10% 的碳酸钠水溶液可以将有机羧酸从有机相萃取至水相，而不会使酚类物质转化为溶于水的酚钠，所以酚类物质仍留在有机相。但用 5%~10% 的氢氧化钠水溶液却可以将羧酸和酚类物质一起萃取到水相。另外，用 5%~10% 稀盐酸可以萃取有机胺类化合物，而且加碱中和后又析出有机胺类化合物，这种方法也常称做洗涤。应当注意的是，有机酸的碱性水溶液或有机碱的酸性水溶液对于中性有机化合物具有一定的溶解度，必要时必须用有机溶剂反复提取（至少 2 次），以保证萃取产品的纯度。此外，还可以加入螯合剂、离子对试剂等进行螯合萃取和离子缔合萃取，这种方法具有很高的选择性。

(3) 萃取步骤

实验室的萃取操作通常在分液漏斗中进行。将待萃取的溶液倒入分液漏斗中，加入萃取剂，塞紧塞子。轻轻旋摇后，右手握住漏斗颈，食指压紧漏斗塞盖，左手握在放液的活塞处，拇指压紧。将漏斗放平或大头向下倾斜，轻轻振荡，然后开动活塞放气。反复振荡、放气后静置分层，将下层液体放出，上层液体由上口倾出。静置分层时，应小心辨认水层和有机层，因为有机层既可能在上层，也可能在下层。

当溶液中含有不利于萃取的组分时，必须对待萃取体系进行适当的预处理。同样的，当有机溶剂对反应产物进行萃取时，必须从反应系统中除去水溶性溶剂。

当两相密度相差较小或形成稳定的乳浊液而难以分层时，可将分液漏斗在水平方向上缓慢旋转摇动以消除界面上的泡沫；也可通过过滤除去引起乳化的树脂状或黏液状悬浮物；或在有机层中加入乙醚（使有机层密度减小）；或在水层加入氯化钠、硫酸铵和氯化钙等无机盐（使水层密度增大）也可促使分层；有时还可以通过改变 pH 值、离心分离和加热等方法破坏乳化。

当溶解热、反应热及溶剂化热等热效应较大，而使萃取过程温度上升时，如果溶剂易于受热挥发，则可能导致事故发生。因此，对于乙醚、二氯甲烷等低沸点溶剂,必须先将被萃取液冷却至适当低温后方可进行萃取。萃取时不能立即振荡,应慢慢翻转漏斗,随即开启旋塞泄压。泄压后振荡的强度才能逐渐加强。

当用碳酸盐或碳酸氢盐萃取强酸时,应注意经常释放产生的二氧化碳气体。如果预计气体生成量较大,最好先将有机相和水相在烧杯中混合,再转入分液漏斗。

此外,萃取分离只是辅助分离手段,通常得不到很高的纯度,为了获得高纯度物质及再利用溶剂,必须对萃取液进行分离。分离方法可采用蒸馏、蒸发溶剂及酸碱中和等多种方法。从有机相中分离出溶质后,往往需加入硫酸镁、氯化钙及硫酸钠等干燥剂进行干燥。

1.5.11 升华

固体物质在其熔点以下受热,不熔化而直接转化为蒸汽,然后蒸汽又直接冷凝为固体的过程称为升华。当目标组分与杂质组分的蒸汽压(挥发能力)不同时,利用升华是可以实现固-固物系的分离的。升华也是纯化固体物质的一种手段,既可以升华除去不挥发杂质,也可以升华分离不同挥发度的固体混合物。

在实际操作中,有时因杂质含量较多,固体加热后可能会熔化为液体,但只要其蒸汽能直接冷凝成固体,仍把其视做为升华过程。

实验室升华操作常在减压条件下进行,这样可以保持操作温度在熔点以下进行。在减压条件下,把待分离物质加热,使其气化,然后再冷凝成固体,如图1-28所示。少数升华操作也可在常压下进行,如图1-29所示。在升华时,通入少量空气或惰性气体,可以加速蒸发,同时使物质蒸汽离开加热面易于冷却。但通入过多的空气或其他气体,会造成升华产品的带出损失。

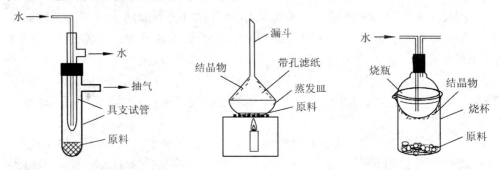

图1-28 减压升华装置　　　图1-29 常压升华装置

1.5.12 离子交换

离子交换法是利用离子交换树脂的交换作用实现物质分离的操作方法。该法具有设备简单、操作方便、成本低、易再生及可反复利用等优点。

离子交换树脂又称离子交换剂,由交换剂本体(有机高聚物)和交换基团两部分组成。离子交换树脂有两类,即阳离子交换树脂和阴离子交换树脂。常把交换剂中的本体用R表示,并把酸性基团中的H表示出来,阳离子交换树脂就可表示为H—R,它能以氢离子与溶液中的各种阳离子发生交换作用。类似的,阴离子交换树脂主要是含有较强的反应基,如具有四面体铵盐官能基之—$N^+(CH_3)_3$,在氢氧形式下,—$N^+(CH_3)_3OH^-$中的氢氧离子可以迅速释出,以进行交换。

实际操作时,让溶液通过装有离子交换树脂的离子交换柱,溶液中的离子就会与离子交换树脂中的活性离子发生交换反应,直到交换平衡为止。由于交换反应是可逆的,因此可通过酸碱再生,让离子交换树脂重新投入使用。

1.5.13 色谱

色谱法是分离、提纯和鉴定有机化合物的重要方法。其基本原理是利用混合物中各组分在某一物质中的吸附或溶解性能的不同,或其他亲和作用性能的差异,使混合液流经该物质时被反复地吸附或分配,从而将各组分分开。其中,流动的混合液称为流动相,固定的物质称为固定相(可以是固体或液体)。根据组分在固定相中的作用原理不同,可分为吸附色谱、分配色谱、离子交换色谱、排阻色谱等;根据操作条件不同,可分为柱色谱、纸色谱、薄层色谱、气相色谱及高效液相色谱等类型。

薄层色谱(Thin Layer Chromatography),又称薄层层析,简记TLC,属于固-液吸附色谱。

色谱的主要用途:

① 小量样品(几微克到几十微克,甚至$0.01\mu g$)的分离。

② 500mg以下样品的精制。

③ 用薄层色谱观察原料斑点的逐步消失来判断化学反应是否完成。

如图1-30所示,薄层色谱是在被洗涤干净的玻璃板(10cm×3cm)上均匀地涂一层吸附剂或支持剂,待干燥、活化后将样品溶液用管口平整的毛细管滴加于离薄层板一端约1cm处的起点线上,晾干或吹干后置薄层板于盛有展开剂的展开槽内,浸入深度为0.5cm。待展开剂前沿离顶端约1cm附近时,将色谱板取出,干燥后喷以显色剂,或在紫外灯下显色。记下原点至主斑点中心及展开剂前沿的距离。

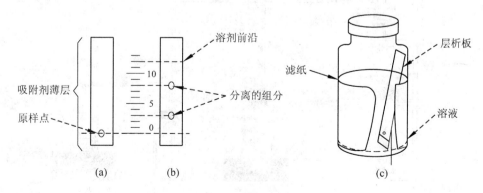

图1-30 薄层层析

(a)原版 (b)已展开层析板 (c)薄层层析展开器

在给定条件(吸附剂、溶剂、薄层厚度及均匀度等)下,溶质前沿移动速度与溶剂前沿移动速率的比值(R_f)是该溶质的特征。R_f值等于溶质从原点到斑点中心的距离除以溶剂前沿的距离。这一性质与气相色谱中的保留体积有同样的重要性。

薄层层析分离混合物的能力,主要取决于溶剂(展开剂),通常通过实验来选择展开剂。

1.5.14 离心分离

离心分离是分离固-液混合物的重要方法。离心分离也可用于液-液分离和液-固分离。

离心分离的操作是将盛有悬浮物料的离心管放在离心机中高速旋转,受离心力作用,沉淀聚集在管底,清液留在上层,从而达到固液分离。离心分离主要适用于分离少量物料,特别是沉淀难以过滤的微细物料。使用时将装有试样的离心管对称地放在离心机套管中,管底衬以棉花。操作时应缓慢加速,而且不能强制离心管停止旋转。离心分离后,用毛细吸管小心地将清液吸出。必要时可加入洗涤液洗涤,继续进行离心分离,直至达到分离要求为止。分离后的沉淀可直接在离心管中抽真空或加热干燥。

1.5.15 吸收

气体吸收是依据气体混合物中各组分在特定液体(吸收剂)中溶解度的不同,实现气体混合物分离的操作。在实验中,主要用于实验尾气的吸收。

所选吸收剂必须有尽可能大的溶解度和好的选择性。常用的吸收剂有水、碱液、酸液、有机溶剂等。

带有尾气吸收的制备装置,如图1-31所示。图中,(a)为反应部分;(b)为安全稳压装置,也能回收反应产生的气体;(c)为产品收集器;(d)为尾气吸收系统。

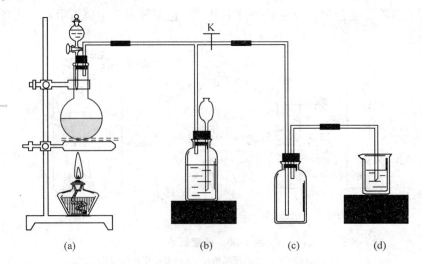

图1-31 带有尾气吸收的制备装置

第 2 章　表面活性剂

实验 1　烷基苯磺酸钠合成

一、实验目的
1. 了解以氯代烷为起始原料合成烷基苯磺酸钠的反应原理和方法。
2. 熟悉烷基苯磺酸钠合成过程中一些基本化工单元操作及原理。
3. 学习对烷基苯磺酸钠的合成原料或产品的测定方法。

二、实验原理
烷基苯磺酸钠(sodium alkyl benzene sulfonate)又称石油磺酸钠，简称 ABS。烷基苯磺酸钠是白色或淡黄色粉状或片状固体。易溶于水，并成半透明溶液。在碱、稀酸溶液及硬水中较为稳定，但易生物降解，易吸水，在浓硫酸条件下易分解。

可作为泡沫钻井液的发泡剂、油包水钻井液的乳化剂、表面张力降低剂、清洁剂等。

氯代烷与苯在三氯化铝催化下通过烷基化反应生成烷基苯，然后再由烷基苯为原料，发烟硫酸作磺化剂，通过磺化得烷基苯磺酸，最终用氢氧化钠中和便得到最终产品烷基苯磺酸钠。

$$RCl + C_6H_6 \xrightarrow{AlCl_3} R-C_6H_5 + HCl$$

$$R-C_6H_5 + SO_3 \longrightarrow R-C_6H_4-SO_3H$$

$$R-C_6H_4-SO_3H + NaOH \longrightarrow R-C_6H_4-SO_3Na + H_2O$$

三、仪器和试剂
仪器：四颈烧瓶(500mL)，三口烧瓶(250mL、500mL)，电动搅拌器，冷凝器，分液漏斗(500mL)，滴液漏斗(250mL)，烧杯(500mL)，水银温度计，水浴锅。

试剂：氯代烷，苯(AR)，无水三氯化铝(CP)，8%氢氧化钠溶液，无水氯化钙，精烷基苯，发烟硫酸，15%氢氧化钠溶液。

四、实验步骤

1. 烷基苯的合成

按氯代烷：苯：三氯化铝摩尔比为 1:5:0.1 投料，依次将 98g 苯及 3.5g 粉状三氯化铝投入四颈烧瓶内，装配好反应装置，将 52g 氯化石油加入到滴液漏斗中。

开动搅拌，水浴升温至 45~50℃，滴入氯化石油并控制在 1h 内滴完。反应所生成的盐酸气体通过 2 个分别装有水及 8% 氢氧化钠溶液的吸收瓶吸收。滴加过程中反应温度控制在 50~55℃，滴加结束后升温至 55~60℃，保温 1h。反应结束后将物料倒入分液漏斗中分去泥脚，然后分别用同体积的水、8% 氢氧化钠溶液洗涤，再用水洗，直至中性。最后，减压蒸馏回收苯后，再真空精馏得到烷基苯。称重，记录。

2. 烷基苯磺化

称取 50g 烷基苯放入 250mL 三口烧瓶中，装配好反应装置。将 60g 发烟硫酸加入到 100mL 滴液漏斗中，开动搅拌，水浴升温至 25~35℃，滴加发烟硫酸，在 1h 内滴完，用水浴控制温度为 25~35℃，滴加结束后，停止搅拌，静置约 30min，记录混酸质量。

在原装置中按混酸：水重量比为 85:15，计算出所需加水量，然后倒入滴液漏斗中，在搅拌下滴入，温度维持在 50~55℃，滴加时间约 0.5~1h。反应结束后，静止约 30min，然后移入分液漏斗分去废酸，称重，并测定其中和值。

3. 中和值测定

中和值即 1g 磺酸用氢氧化钠中和所需的氢氧化钠的毫克数称为磺酸中和值。

称取 0.2~0.3g 左右的磺酸于 150mL 锥形瓶中（瓶中先有少量蒸馏水），加入蒸馏水 50mL，以酚酞作指示剂，用 $0.1\text{mol} \cdot \text{L}^{-1}$ 氢氧化钠溶液滴定到微红色。

4. 烷基苯磺酸的中和

根据磺酸中和值及磺酸量计算出氢氧化钠用量，并配成 15% 的碱液，加入到 500mL 三口烧瓶中，将磺酸加入到滴液漏斗中。开动搅拌，升温至 40℃，将磺酸滴加到氢氧化钠溶液中，控制其中和温度为 35~40℃，加料时间为 0.5~1h，加料后期要不断测量 pH 值，反应终点控制在 pH=7~8。

五、注意事项

1. 烷基化反应所用的苯和氯化石油必须干燥脱水，否则将影响反应结果，可用无水氯化钙干燥。
2. 无水三氯化铝暴露在空气中极易分解而失效，因此在研磨称取时要快。
3. 磺化反应必须严格控制加料速度及温度，以免反应过于激烈。
4. 磺化时使用的仪器，均必须干燥无水，否则会影响反应。

5. 水洗除酸时需注意加水量、水洗温度，尽力避免结块、乳化现象发生。

6. 发烟硫酸、磺酸、废酸、氢氧化钠均有腐蚀性，实验时切勿溅到手上和衣物上。

六、思考题

1. 烷基苯合成时，排空系统为什么要采用水吸收和碱吸收？
2. 发烟硫酸磺化烷基苯原理是什么？与采用浓硫酸有何差别？
3. 分酸的原理是什么？如何才能分的较好？
4. 什么叫中和值？中和值是如何确定的？

实验 2　十二烷基硫酸钠合成

一、实验目的

1. 掌握氯磺酸对高级醇的硫酸化作用原理和实验方法。
2. 了解高级醇硫酸酯盐型阴离子表面活性剂的主要性质和用途。

二、实验原理

十二烷基硫酸钠又称月桂醇硫酸钠（sodium lauryl sulfate），为白色至微黄色粉末。具有轻微的特殊气味，熔点 180~185℃，易溶于水。本品具有起泡性能好、去污能力强、乳化性能好、无毒、能被微生物降解等优点。

十二烷基硫酸钠可用做牙膏发泡剂、选矿发泡和捕集器、药膏乳化剂、纺织品的洗涤剂及助染剂。

十二烷基硫酸钠是由氯磺酸与正十二醇作用生成磺酸酯。

由于硫酸与醇的作用是一个可逆反应，为了使反应正向移动，所以本实验氯磺酸作硫酸化剂。

氯磺酸与十二醇反应生成磺酸酯，磺酸酯与碳酸钠发生中和反应生成十二烷基硫酸钠。

$$C_{12}H_{25}OH + ClSO_3H \longrightarrow C_{12}H_{25}OSO_3H + HCl \uparrow$$
$$C_{12}H_{25}OSO_3H + Na_2CO_3 \longrightarrow C_{12}H_{25}OSO_3Na + H_2O + CO_2 \uparrow$$

三、仪器和试剂

仪器：三口烧杯（250mL），分液漏斗（250mL），烧杯（500mL、50mL），滴液漏斗（250mL），温度计（0~100℃），量筒（20mL、100mL），电动搅拌器，电加热套。

试剂：十二醇，尿素，氯磺酸，冰醋酸，正丁醇，无水碳酸钠。

四、实验步骤

将 50mL 冰醋酸加入到 250mL 烧瓶中，装好仪器（装有氯化氢装置），并将烧瓶置于冰浴中冷却至 5℃ 左右，用滴液漏斗慢慢滴入 18mL 氯磺酸，滴加完毕，将烧瓶置于冰浴中，在搅拌下滴入 50g 十二醇，大约在 20min 内加完。然后在 5℃ 条件下，继续反应 30min，使十二醇完全溶解，如醇不能完全溶解，可不使用冰浴，并在室温下延长搅拌时间，直至十二醇完全溶解。在通风柜内，把反应物慢慢倒入装有 140g 碎冰的 500mL 烧杯中，再加入 150mL 正丁醇，用玻璃棒充分搅拌约 5min。然后在搅拌下慢慢滴入饱和碳酸钠水溶液直到反应呈微碱性（pH≤8），再向混合液中加入 50g 碳酸钠，稍加搅拌后，倒入分液漏斗。收集油相，分出水相，水相用约 100mL 正丁醇萃取，合并油相。用旋转式干燥浓缩器蒸出正丁醇，得白色稠状物，最后将稠状物置于真空干燥箱中干燥，得到十二烷基硫酸钠。

溶剂：DMSO – d$_6$

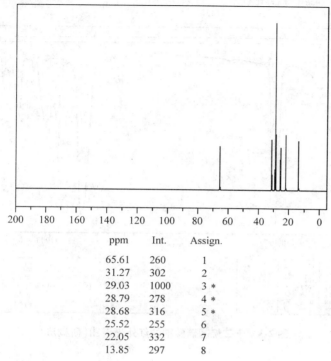

ppm	Int.	Assign.
65.61	260	1
31.27	302	2
29.03	1000	3 *
28.79	278	4 *
28.68	316	5 *
25.52	255	6
22.05	332	7
13.85	297	8

图 2-1　十二烷基硫酸钠的核磁共振谱图（C – NMR）

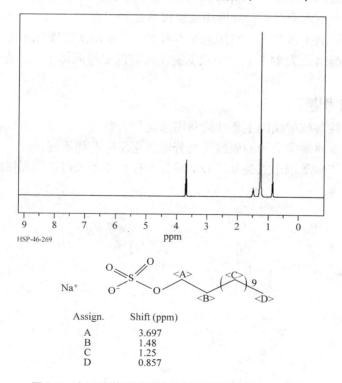

HSP-46-269

Assign.	Shift (ppm)
A	3.697
B	1.48
C	1.25
D	0.857

图 2-2　十二烷基硫酸钠的核磁共振谱图（H – NMR）

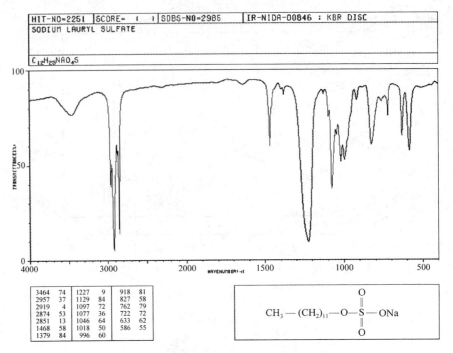

图 2-3 十二烷基硫酸钠的红外光谱图(研糊法)

五、注意事项

1. 氯磺酸遇水会分解，故所用玻璃仪器必须干燥。
2. 加入碳酸钠水溶液，滴加速度不可太快，以防溶液随气体溢出烧杯。
3. 十二醇熔点为 24℃，室温较低时，反应前要将固体十二醇充分研细。

六、思考题

1. 十二烷基硫酸钠的主要性质和用途是什么？
2. 氯磺酸对醇类分子的硫酸化与芳烃磺化反应有何不同？
3. 用正丁醇萃取十二烷基硫酸钠时，为什么要加入过量的固体碳酸钠？

实验 3 β-萘磺酸钠的合成

一、实验目的
1. 掌握 β-萘磺酸钠的合成原理及方法。
2. 掌握用脱硫酸钙法分离和纯化磺酸钠盐的技术。

二、实验原理
β-萘磺酸为白色结晶或粉末,易溶于水,不溶于醇。β-萘磺酸钠(sodium-2-naphthalene-sulfonate),可直接用于动物胶的乳化剂,也可用于有机合成。

萘与浓硫酸发生磺化反应生成萘磺酸,此反应为可逆反应。通常萘在低温下磺化(<80℃)的主要产物为 α-萘磺酸,高温磺化(180℃)主要为 β-萘磺酸。β-萘磺酸用氧化钙中和得 β-萘磺酸钙盐,再用碳酸钠处理最终得到 β-萘磺酸钠。

$$\text{C}_{10}\text{H}_8 + \text{H}_2\text{SO}_4 \xrightarrow{180℃} \text{C}_{10}\text{H}_7\text{SO}_3\text{H} + \text{H}_2\text{O}$$

$$2\,\text{C}_{10}\text{H}_7\text{SO}_3\text{H} + \text{CaO} \longrightarrow (\text{C}_{10}\text{H}_7\text{SO}_3)_2\text{Ca} + \text{H}_2\text{O}$$

$$(\text{C}_{10}\text{H}_7\text{SO}_3)_2\text{Ca} + \text{Na}_2\text{CO}_3 \longrightarrow 2\,\text{C}_{10}\text{H}_7\text{SO}_3\text{Na} + \text{CaCO}_3$$

三、仪器和试剂
仪器:三口烧瓶(250mL),烧杯(1 000mL),搅拌器,油浴(或电热套),温度计(0~250℃),布氏漏斗,蒸发皿。

试剂:萘,98% 浓硫酸,氧化钙,碳酸钠。

四、实验步骤
把 27g(0.21mol)研细的萘、30g(0.3mol,16.5mL)浓硫酸加入 250mL 三口烧瓶中,开动搅拌,置于 170~180℃ 油浴中加热反应约 1h,反应结束后,静置冷却至 95℃ 左右。在搅拌下将反应物慢慢倒入盛有 400mL 冷水的烧杯中,未反应完全的萘以固体形式析出,经过滤除去。将滤液加热至温热,搅拌下加入氧化钙溶液,使溶液呈中性。静置冷却,过滤除去沉淀物,将滤液放入蒸发皿中浓缩，直到用玻璃棒蘸一滴液体就开始析出结晶为止，然后静置、冷却使之结晶。将得到的β-苯磺酸钙盐用少量水洗涤，再将其溶于热水中，加入饱和碳酸钠水溶液至溶液呈弱碱性。静置冷却，过滤除去碳酸钙沉淀。将滤液置于蒸发皿中，蒸发浓缩至有结晶出现，停止加热，静置冷却，结晶析出。过滤后，将滤液再次浓缩结晶，将得到的二次结晶合并烘干，最终得到β-萘磺酸钠。

记录β-萘磺酸钠的红外光谱，并与标准图谱比较。

溶剂：DMSO-d_6

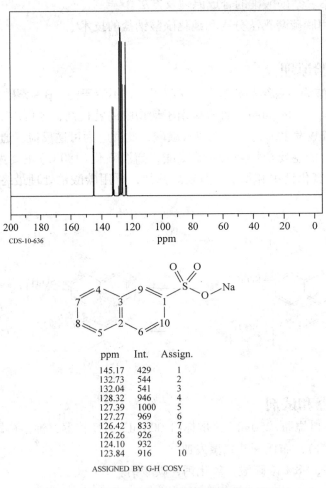

图2-4 β-萘磺酸钠的核磁共振谱图（C-NMR）

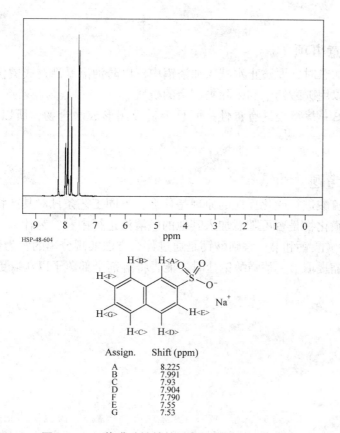

图 2-5 β-萘磺酸钠的核磁共振谱图(H-NMR)

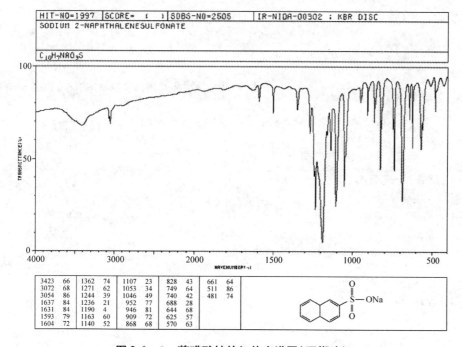

图 2-6 β-萘磺酸钠的红外光谱图(研糊法)

五、注意事项

1. 油浴加热时，要防止水溅入油浴锅中，以防油浴暴沸造成烫伤。
2. 也可以用碳酸钙中和来除去剩余的硫酸。
3. 无水 β-萘磺酸具有毒性，而且极易吸潮形成水合物，所以实验时需引起注意。

六、思考题

1. 萘与硫酸进行磺化反应的原理是什么？不同工艺条件对其产物有何影响？
2. 萘的磺化物是否可随意加入其他的碱溶液进行中和？为什么？
3. α-萘磺酸钙和 β-萘磺酸钙是通过什么方法实现分离的？为什么？
4. 在浓缩提取 β-萘磺酸钠盐时，能否将溶剂全部蒸干以获取更多的产物？

实验 4　月桂酸二乙醇酰胺

一、实验目的
1. 了解月桂酸二乙醇酰胺的合成原理及制取方法。
2. 掌握反应中通氮气抽真空的操作方法。

二、实验原理
月桂酸二乙醇酰胺(dodecyl acid diethanolamide)为白色至淡黄色的固体，是一类非离子型表面活性剂。易溶于乙醇、丙酮、氯仿等有机溶剂，难溶于水，当与其他表面活性剂调配时易溶于水，且透明度好。它具有优异的起泡性、稳定性、增泡性、增黏性、浸透性、洗净性、增稠性，对钢铁有防锈作用，广泛应用于香波、洗涤剂、液体皂、增稠剂、稳泡剂、缓蚀剂等。

脂肪酸甲酯和二乙醇胺在碱性条件下反应可得到烷基醇酰胺，二者的摩尔比为1:1.1时可得到烷基醇酰胺达90%以上的产物。

$$RCOOCH_3 + HN\begin{matrix}CH_2CH_2OH\\CH_2CH_2OH\end{matrix} \longrightarrow RCON\begin{matrix}CH_2CH_2OH\\CH_2CH_2OH\end{matrix} + CH_3OH$$

三、仪器和试剂
仪器：三口烧瓶(250mL)，氮气瓶，电加热套，圆底烧瓶(200mL)，温度计(0~200℃)，冷凝管，毛细管。

试剂：月桂酸甲酯，二乙醇胺，氢氧化钾。

四、实验步骤
1. 烷基醇酰胺制备

将43.6g月桂酸甲酯加入250mL三口烧瓶中，将56g氢氧化钾溶解在21g二乙醇胺中，然后也并入到三口烧瓶中。加热，通入氮气，抽真空，使真空度达到0.03MPa以上，反应温度维持在118℃左右，反应2~3h，当馏出甲醇达到规定数量，反应结束，得到月桂酸二乙醇酰胺。最后计算产物的活性物含量，并测定产品的泡沫性能。

月桂酸二乙醇酰胺(%) = 100 − 未反应二乙醇胺 − 石油醚抽提物 − 氢氧化钾

2. 游离二乙醇胺的测定

在150mL锥形瓶中精确称样1g左右样品，加入50mL乙醇，摇动至完全溶解(可放在温水浴中，使样品溶解快些)，加入溴酚蓝指示剂8滴，以0.1mol·L^{-1}的盐酸滴定至溶液呈绿色即为终点，同时做一空白。

$$游离二乙醇胺(\%) = \frac{C(V_2 - V) \times 105 \times 100}{W \times 1\,000}$$

式中：C——盐酸物质的量浓度；
V_1——样品耗用盐酸的毫升数；
V——空白耗用盐酸的毫升数；
105——二乙醇胺的相对分子质量；
W——样品质量(g)。

3. 石油醚抽提物测定

称取 10g 烷基醇酰胺，用 80mL 蒸馏水将样品冲洗入 250mL 具塞量筒中，再加入 50mL 乙醇和 50mL 石油醚，塞紧塞子，上下剧烈振荡 1min，打开量筒，以少量石油醚淋洗筒盖及筒壁，静置，等内容物分层明显，用虹吸管将上层石油醚吸入一预先干燥的 250mL 三角瓶中，在虹吸完毕后，虹吸管吸液端约在两层交界处上 3.6mm。

重量上述操作(每次加入 50mL 石油醚)，萃取液均并入上述三角瓶中，将三角瓶放在 60~70℃ 自控的恒温水浴锅中，回收石油醚。将石油醚全部蒸出后，将三角瓶置于 60~70℃ 水浴上，通入空气流，驱除残留的石油醚，然后加入丙酮 2mL 重复上述操作。

用洁净布揩拭三角瓶后将其放入干燥箱恒重(105℃)。

$$石油醚抽提物(\%) = \frac{G}{W} \times 100$$

式中：G——抽出物量(g)；
W——样品量(g)。

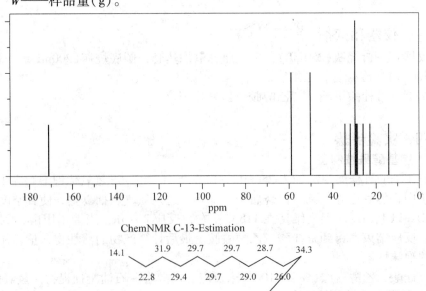

图 2-7 月桂酸二乙醇酰胺的核磁共振谱图(C-NMR)

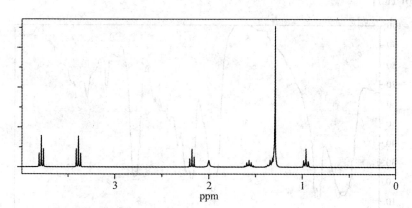

```
Protocol of the H-1 NMR Prediction:
 Node     Shift    Base + Inc.    Comment (ppm rel. to TMS)
  CH2     3.39      1.37          methylene
                    1.87          1 alpha -NC(=O)-C
                    0.15          1 beta -O
  CH2     3.79      1.37          methylene
                    2.20          1 alpha -O
                    0.22          1 beta -NC(=O)-C
  OH      2.0       2.00          alcohol
  CH2     3.39      1.37          methylene
                    1.87          1 alpha -NC(=O)-C
                    0.15          1 beta -O
  CH2     3.79      1.37          methylene
                    2.20          1 alpha -O
                    0.22          1 beta -NC(=O)-C
  OH      2.0       2.00          alcohol
  CH2     2.18      1.37          methylene
                    0.85          1 alpha -C(=O)N
                   -0.04          1 beta -C
  CH2     1.57      1.37          methylene
                    0.24          1 beta -C(=O)N
                   -0.04          1 beta -C
  CH2     1.29      1.37          methylene
                   -0.04          1 beta -C
                   -0.04          1 beta -C
  CH2     1.29      1.37          methylene
                   -0.04          1 beta -C
                   -0.04          1 beta -C
  CH2     1.29      1.37          methylene
                   -0.04          1 beta -C
                   -0.04          1 beta -C
  CH2     1.29      1.37          methylene
                   -0.04          1 beta -C
                   -0.04          1 beta -C
  CH2     1.29      1.37          methylene
                   -0.04          1 beta -C
                   -0.04          1 beta -C
  CH2     1.29      1.37          methylene
                   -0.04          1 beta -C
                   -0.04          1 beta -C
  CH2     1.29      1.37          methylene
                   -0.04          1 beta -C
                   -0.04          1 beta -C
  CH2     1.33      1.37          methylene
                    0.00          1 alpha -C
                   -0.04          1 beta -C
  CH3     0.96      0.86          methyl
                    0.10          1 beta -C-R
```

图 2-8 月桂酸二乙醇酰胺的核磁共振谱图（H – NMR）

KBr 压片

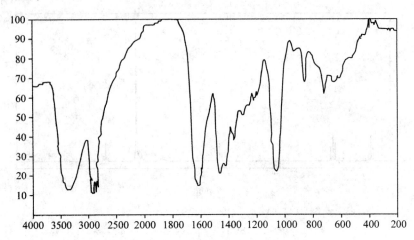

图 2-9　月桂酸二乙醇酰胺的红外光谱图

五、注意事项

1. 氮气在反应过程中，一定要充满，以防在有空气存在下起氧化等副反应。
2. 毛细管要尽可能装在最底部，从而保证鼓泡的效果。
3. 月桂酸二乙醇酰胺也可用月桂酸和二乙醇胺为原料，按 1∶2 投料比反应制得。此法得到的产品活性物含量在 60% 左右，并且有较好的水溶性。

六、思考题

1. 月桂酸二乙醇酰胺反应原理是什么？
2. 采用月桂酸甲酯为原料进行反应时，温度高低对反应有什么影响？
3. 月桂酸二乙醇酰胺主要有哪些用途？

实验 5 月桂醇聚氧乙烯醚的制备

一、实验目的
1. 了解月桂醇聚氧乙烯醚的性质和用途。
2. 理解聚氧乙烯醚型表面活性剂月桂醇聚氧乙烯醚的合成原理。
3. 掌握聚氧乙烯醚型表面活性剂月桂醇聚氧乙烯醚的合成方法。

二、实验原理
月桂醇聚氧乙烯醚(polyoxyethylene lauryl alcohol ether)又称聚氧乙烯十二醇醚，属于非离子型表面活性剂。非离子型表面活性剂是一种含有羟基(—OH—)和醚键结构(—O—)，并以它们获得亲水性的表面活性剂。由于—OH 和—O—结构在水中不解离，光靠一个羟基或醚键结构发挥作用，其亲水性较差，但若同时有几个这样的基团或结构共同发挥作用，则其亲水性就大大提高。

聚氧乙烯醚类非离子表面活性剂，是环氧乙烷与高级醇进行加成反应而制得的，产品为无色透明黏稠液体。此类表面活性剂的亲水性，由醚键结构和羟基二者共同作用所致，醚键结构越多，其亲水性也越强。

主要用于配制家用和工业用的洗涤剂，也可作为乳化剂、匀染剂。

脂肪醇聚氧乙烯醚是非离子表面活性剂中最重要的一类产品。而月桂醇聚氧乙烯醚是由月桂醇和环氧乙烷，按摩尔比 $n(月桂醇):n(环氧乙烷) = 1:(3\sim5)$ 加成制得，反应方程式为：

$$C_{12}H_{25}OH + n\ CH_2\!\!-\!\!\!\underset{O}{\!\!\diagdown\!\!\diagup}\!\!\!-\!\!CH_2 \longrightarrow C_{12}H_{25}\!\!-\!\!O(CH_2CH_2O)_n\!\!-\!\!H$$

三、仪器和试剂
仪器：电加热套，电动搅拌器，恒压滴液漏斗，四口烧瓶(250mL)，温度计(0~200℃)，冷凝管。

试剂：月桂醇，液体环氧乙烷试剂(含量≥99%)，氢氧化钾，过氧化氢，氮气。

四、实验步骤
取 11.6g(0.062 5mol)月桂醇、0.1g 氢氧化钾加入带回流冷凝管的四口烧瓶中，将反应物加热至 120℃，通入氮气置换空气。氮气通入量不要太大，以冷凝管口看不到气体为宜。然后升温至 160℃，边搅拌边用恒压滴液漏斗将 12.7 mL

(0.25mol)液体环氧乙烷滴加至液面下,严格控制反应温度在160℃。环氧乙烷在1h内加完。恒温反应3h。冷却反应物至80℃时放料,用冰醋酸中和至pH值为6左右,再加入质量分数1%的过氧化氢,保温30min后出料。

五、注意事项

1. 严格按照钢瓶使用方法使用氮气钢瓶。本反应是放热反应,应注意控制温度。

2. 液体环氧乙烷的沸点为10.7℃,易气化,与空气易形成爆炸性混合物,爆炸极限为3.6%~78%(体积分数),应贮存于密封玻璃瓶内。

3. 最好在室温较低时做此实验。若室温较高,则可把玻璃瓶用冷水降温后将试剂倒入另一个用冰水浴冷却的容器内,然后通过虹吸方式滴加。

六、思考题

1. 月桂醇聚氧乙烯醚反应原理是什么?
2. 使用液体环氧乙烷要注意什么?温度高低对反应有什么影响?
3. 月桂醇聚氧乙烯醚的主要性能是什么?

实验6 表面活性剂离子类型鉴定(阴离子、阳离子)

一、实验目的

了解表面活性剂离子类型鉴定的方法和意义。

二、实验原理

对于浓度较稀(1%以下)的表面活性剂,可利用与电荷相反的大有机离子形成盐而失去其亲水性,阴离子活性剂与大致等物质的量的阳离子活性剂混合而产生沉淀;也可根据形成表面活性剂——染料络合物来判定。

三、仪器和试剂

仪器:具塞试管(25mL),分液漏斗,烧杯(1 000mL),试管(10mL),移液管(2mL、5mL、25mL),量筒(10mL、500mL)。

试剂:亚甲基蓝,浓硫酸,无水硫酸钠,氯仿,百里酚蓝,盐酸,乙酸钠,乙酸,邻苯二酚磺酞(邻苯二酚紫罗兰),石油醚,乙酸乙酯,二氯二苯锡。

试剂配制:

(1)亚甲基蓝溶液

称取 0.015g 亚甲基蓝,6g 浓硫酸和 25g 无水硫酸钠,溶于水,稀释至500mL。

(2)百里酚蓝法试剂

3 滴 1% 百里酚蓝溶液,加 0.005mol·L^{-1} 盐酸溶至 5mL。

(3)溴酚蓝法试剂

混合 75mL 0.2mol·l^{-1} 乙酸钠溶液和 925mL 0.2mol·L^{-1} 乙酸,再加入 20mL 0.1% 溴酚蓝乙醇(96%)溶液,此溶液的 pH 值应为 3.6~3.9。

(4)Burger(皮格尔)法指示剂

分别将亚甲基蓝、邻苯二酚磺酞(邻苯二酚紫罗兰)先与石油醚,再与乙酸乙酯一起煮沸、过滤、干燥。将两种染料按等摩尔量(亚甲基蓝相对分子质量355.84、邻苯二酚磺酞相对分子质量386.36)混合,在玛瑙乳钵中充分磨碎后,溶解在蒸馏水中,配成 0.05% 溶液。

四、实验步骤

(一)根据与反电荷表面活性剂生成沉淀来判定

分别配制阳离子活性剂(如十四烷基二甲基苄基氯化铵)和阴离子活性剂

(如 2-琥珀酸二辛酯磺酸钠)的 0.1% 溶液。

量取 1~2mL 约含 0.01% 试样溶液于试管中,滴加阳离子活性剂溶液,若产生沉淀或混浊,说明试样中存在阴离子活性剂。反之,滴加阴离子活性剂溶液,若产生沉淀或混浊,则存在阳离子活性剂。当试剂浓度大于 1% 时,出现增溶现象即不再出现沉淀。

(二)根据形成表面活性剂——染料络合物来判定

1. 阴离子表面活性剂

(1)亚甲基蓝-氯仿法

量取 5mL 1% 试样水溶液于 25mL 具塞试管中,加入 10mL 亚甲基蓝溶液和 5mL 氯仿,充分振摇数秒钟后静置,观察两层颜色,如氯仿层呈蓝色,表示有阴离子活性剂存在。

(2)百里酚蓝法

量取 5mL 中性 0.01%~0.1% 活性剂试样溶液于试管中,加入 5mL 试剂,溶液呈红紫色,表示有阴离子活性剂存在。

2. 阳离子表面活性剂

溴酚蓝法

调节 1% 试样水溶液的 pH 值至 7,加 2~5 滴试样溶液于 10mL 试剂中。如呈深蓝色,表示有阳离子活性剂存在,两性的长链氨基酸和甜菜碱类则呈具有紫蓝荧光的亮蓝色。

3. 阴离子或阳离子表面活性剂

Burger(皮格尔)法

将试样水溶液依次用氯仿、乙醚和石油醚萃取,弃去有机层。若试样纯度高,可不萃取。用 $0.1mol \cdot L^{-1}$ 盐酸或 $0.1mol \cdot L^{-1}$ 氢氧化钠溶液调节试样溶液的 pH 值为 5~6(pH 试纸)。量取约 5mL 试样溶液于试管中,加 5 滴指示剂和 5mL 石油醚,激烈振摇后静置。

如水层呈绿色,石油醚层无色,两层界面呈绿色或无色表示试样中不存在活性剂;水层呈黄色,石油醚层无色,两层间有深蓝色(亚甲基蓝络合物),表示存在阴离子活性剂;水层呈蓝色,石油醚层无色,两层间为黄色层(邻苯二酚磺酞络合物),表示存在阳离子活性剂;如两层的界面生成很薄的乳浊层,则表示试样中存在非离子活性剂。

亚甲基蓝络合物的蓝色很灵敏,即使数微克的阴离子活性剂也可检出。

上述试验如按下法进行,其灵敏度则更高。方法是:用分液漏斗代替试管进行试验,最后小心地分去水层,石油醚层用水清洗 1~2 次,分去水层,再将石油醚层下部移入结晶盘中,蒸出石油醚,即使 1×10^{-8} 的阴离子活性剂也能看见蓝色。

阳离子活性剂的黄色络合物颜色不明显,和阴离子活性剂一样。取石油醚的下部于结晶盘中,蒸去石油醚后,加数滴乙醇或丙酮,此时,若加入少量二氯二苯锡结晶，染料的酚羟基即与锡生成深蓝色的螯合物，即使极微量的阳离子活性剂也可检测出来。

通过以上方法，一次实验便可判定微量离子活性剂是否存在及其所属离子类型，还能检测非离子活性剂的存在。

五、注意事项

1. 根据反电荷表面活性剂生成沉淀判断法时，当试样浓度大于1%时，会出现增溶现象而不出现沉淀。
2. 实验时需注意观察颜色，清、混的变化，并能准确描述。

六、思考题

表面活性剂离子类型鉴定的原理是什么？如何判定？

实验7　洗衣粉中五氧化二磷含量测定——钼钒酸盐比色法

一、实验目的
1. 学习钼钒酸盐比色法测定方法。
2. 了解洗衣粉生产过程中间控制的重要性。

二、实验原理
洗衣粉中各种磷酸盐经硝酸分解成正磷酸盐后，加入钼钒酸盐溶液生成黄色络盐，用分光光度法测定其吸光度，求出五氧化二磷含量（P_2O_5，%）。

三、仪器和试剂
仪器：721 型或 722 型分光光度计，烧杯（100mL），容量瓶（500mL、100mL），试管（100mL），移液管（25mL、5mL、2mL）。

试剂：

① 1 + 1 硝酸（质量比，水：硝酸 = 1：1）

② 磷酸盐标准溶液：将在硫酸干燥器中干燥 24h 以上的 2.873 1g 磷酸二氢钾溶解在水中，定容至 250mL 容量瓶中，此溶液 1mL 含 6mg 五氧化二磷，吸取此溶液 5mL 置于 100mL 容量瓶中，加入 2mL 硝酸后加水至刻度，此溶液 1mL 含有 0.3mg 五氧化二磷。

③ 钼钒酸盐溶液：将 0.896g 偏钒酸铵溶解在 200~300mL 水中，加入 200mL 硝酸，在搅拌的情况下每次少量加入约 100mL 水中溶解有 21.6g 钼酸铵[$(NH_4)_6Mo_7O_{24} \cdot 4H_2O$]的溶液，加完后再加水定容至 1L，贮存于棕色瓶中，贮存中如有沉淀生成不可使用。

四、实验步骤

1. K 值的测定

取磷酸盐标准液 0mL，1mL，2mL，3mL，4mL，5mL，分别装入 100mL 容量瓶中，各加入 50mL 水，再加入 25mL 钼钒酸盐溶液后，加水至 100mL，放置 30min，在波长 400nm、比色皿光径 10nm 下，测其吸光度，以空白试液作对照液，求出当五氧化二磷含量为 1mg 时的吸光度（K）。

$$K = \frac{A_1 + A_2 + \cdots + A_n}{0.3 \times 1 + 0.3 \times 2 + \cdots + 0.3 \times n}$$

2. 样品中五氧化二磷含量测定

准确称取前配料洗衣粉样品（以试液含有 1.0~1.5mg 五氧化二磷，吸光度在 0.45 左右)于 150mL 烧杯中,加适量蒸馏水加热溶解,转移定容至 500mL 容量瓶中,摇匀。取该液 5mL,1+1 硝酸 2mL 置于 100mL 试管(或容量瓶)中,置于沸水浴中分解,10min 后取出,冷却至室温,加蒸馏水 50mL、钼钒酸盐 25mL,再加水至刻度,放置 10min,在波长 400nm、比色皿光径 10nm 下,测定其吸光度,以空白试液作对照液。按下式计算五氧化二磷含量(%)

$$P_2O_5(\%) = \frac{(A - A_0) \times 500}{KG \times 1\,000 \times 5}$$

式中:A——试样的吸光度;

A_0——空白试液的吸光度;

K——五氧化二磷 1mg 时相当的吸光度;

G——样品重(g)。

$$三聚磷酸钠含量(\%) = P_2O_5(\%) \times 1.728$$

式中:1.728——五氧化二磷换算为三聚磷酸钠的系数。

五、注意事项

1. K 值测定中的 A 值是把 A_0 作为零时的相对值。

2. 试样的配制需控制一定的浓度,以使实测的 A 值在标样的中间值附近,这样结果会更准确。

六、思考题

1. 分光光度计的原理是什么?

2. 洗衣粉中五氧化二磷含量测定实际上测的是什么物质的含量?换算系数是如何确定的?

实验 8　表面活性剂表面张力及 CMC 的测定

一、实验目的

1. 掌握表面活性剂溶液表面张力的测定原理和方法。
2. 掌握由表面张力计算表面活性剂 CMC 的原理和方法。

二、实验原理

表面张力及临界胶团浓度(critical micelle – forming concentration，简称 CMC)是表面活性剂溶液非常重要的性质。若使液体的表面扩大，需对体系做功，增加单位表面积时，对体系做的可逆功称为表面张力或表面自由能，它们的单位分别是 $N \cdot m^{-1}$ 和 $J \cdot m^{-2}$，在因次上是相同的。表面活性剂在溶液中能够形成胶团时的最小浓度称为临界胶团浓度，在形成胶团时，溶液的一系列性质都发生突变，原则上，可以用任何一个突变的性质测定 CMC 值，但最常用的是表面张力 – 浓度对数图法。该法适合各种类型的表面活性剂，准确性好，不受无机盐的影响，只是当表面活性剂中混有高表面活性的极性有机物时，曲线中出现最低点。表面张力的测定方法也有多种，较为常用的方法有滴体积(滴重)法和拉起液膜法(环法及吊片法)。

1. 滴体积(滴重)法

滴体积法的特点是简便而精确。若自一毛细管滴头滴下液体时，可以发现液滴的大小(用体积或质量表示)和液体表面张力有关：表面张力大，则液滴也大。早在 1864 年，Tate 就提出了表示液滴质量(m)的简单公式

$$m = 2\pi r \gamma \tag{1}$$

式中：r——滴头的半径；
　　　γ——表面张力。

此式表示支持液滴质量的力为沿滴头周边(垂直)的表面张力，但是此式实际是错误的，实测值比计算值低得多。由于发展出的细颈是不稳定的，故总是从此处断开，只有一部分液滴落下，甚至可有 40% 的部分仍然留在管端而未落下。此外，由于形成细颈，表面张力作用的方向与重力作用方向不一致，而成一定角度，这也使表面张力所能支持的液滴质量变小。因此，须对式(1)加以校正，即

$$m = 2\pi r \gamma f \tag{2}$$

$$\gamma = \frac{m}{2\pi r f} = \frac{m}{r} F \tag{3}$$

式中：f——校正系数；
　　　F——校正因子，$F = \dfrac{1}{2\pi f}$。

一般在实验室中，自液滴体积求表面张力更为方便，此时式(3)可变为

$$\gamma = \frac{V\rho g}{r} \times F \tag{4}$$

式中：V——液滴体积；

　　　ρ——液体密度；

　　　g——重力加速度常数。

从滴体积数值，可根据式(4)计算表面张力。Harrins 和 Brown 由精确的实验与数学分析方法找出 f 值的经验关系，得出 f(或 F)是 $r/V^{\frac{1}{3}}$(或 V/r^3)的函数。作出了 f 与 $r/V^{\frac{1}{3}}$ 的关系曲线，对于计算表面张力提供了校正因子数值。以后又经一系列改进和补充，逐步得出了较为方便而完全的校正因子。

对一般表面活性较高的表面活性剂水溶液，其密度与水差不多，故用式(4)计算表面张力时，可直接以水的密度代替之在可允许的范围之内的误差。

滴体积法对界面张力的测定也比较适用。可将滴头插入油中(如油密度小于溶液时)，让水溶液自管中滴下，按式(5)计算表面张力

$$\gamma_{1,2} = \frac{V(\rho_2 - \rho_1)g}{r} \times F \tag{5}$$

式中：$\gamma_{1,2}$——界面张力；

　　　$\rho_2 - \rho_1$——两种不相溶液体的密度差；

　　　其他符号意义同前。

滴体积(滴重)法对于一般液体或溶液的表(界)面张力测定都很适用，但此法非完全平衡方法，故对表面张力有很长的时间效应的体系不太适用。

2. 环法

把一圆环平置于液面，测量将环拉离液面所需最大的力，由此可计算出液体的表面张力。假设当环被拉向上时，环就带起一些液体。当提起液体的质量 mg 与环液体交界处的表面张力相等时，液体质量最大。再提升则液和环断开，环脱离液面。假设拉起的液体呈圆筒形，对环的附加拉力(即除去抵消环本身的重力部分)P 为

$$P = mg = 2\pi R'\gamma + 2\pi(R' + 2r)\gamma = 4\pi(R' + r)\gamma = 4\pi R\gamma \tag{6}$$

式中：m——拉起来的液体质量；

　　　R'——环的内半径；

　　　r——环丝半径。

实际上，式(6)是不完善的，因为实际情况并非如此，需要加以校正。于是得

$$\gamma = \frac{P}{2\pi R} \times F \tag{7}$$

从大量的实验分析与总结，说明校正因子 F 与 R/r 值及 R^3/V 值有关(V 为圆环带起来的液体体积，可自 $P = mg = V\rho g$ 关系求出，ρ 为液体密度)。环法中直接测量的量为拉力 P，各种测量力的仪器皆可应用。

三、仪器和试剂

仪器：表面张力仪，烧杯(50mL)，移液管(15mL)，容量瓶(50mL)。

试剂：十二烷基硫酸钠(SDS)(用乙醇重结晶)，二次蒸馏水。

四、实验步骤

取 1.44g SDS，用少量二次蒸馏水溶解，然后在 50mL 容量瓶中定容(浓度为 1.00×10^{-1} mol·L^{-1})。

从 1.00×10^{-1} mol·L^{-1} 的 SDS 溶液中移取 5mL，放入 50mL 的容量瓶中定容(浓度为 1.0×10^{-2} mol·L^{-1})。然后依次从上一浓度的溶液中移取 5mL 稀释 10 倍，配制 $1.00\times10^{-1}\sim1.00\times10^{-5}$ mol·L^{-1} 5 个浓度的溶液。

用滴体积法或环法首先测定二次蒸馏水的表面张力，对仪器进行校正。然后从稀至浓依次测定 SDS 溶液，并计算表面张力，做出表面张力–浓度对数曲线，拐点处即为 CMC 值。如希望准确测定 CMC 值，在拐点处增加几个测定值即可实现。

五、注意事项

1. SDS 的克拉夫特点为 15℃，测定温度要高于此温度。
2. SDS 在溶解和定容过程中，要小心操作，尽量避免产生泡沫。
3. 在溶液配制及测定过程中，不要让不同浓度的溶液间产生相互影响，防止震动，注意灰尘及挥发性物质的影响。
4. 阳离子表面活性剂溶液的表面张力可以用滴体积法测定，环法不适用。

六、思考题

1. 为什么表面活性剂表面张力–浓度曲线有时出现最低点？
2. 为什么环法不适用于阳离子表面活性剂表面张力的测定？

第3章 香　料

实验9　己酸乙酯的制备

一、实验目的
1. 掌握有机酸酯的制备原理和方法。
2. 学习用底部分层除去酯化过程中产生水的方法。

二、实验原理
己酸乙酯(ethyl caproate)为无色液体，有强烈的酒香，微带果香，有花香底调。沸点165℃，密度D_2^{25}0.898，折光指数n_D^{20}1.407。本品为食品添加剂，常用于调配浓香型白酒、白兰地等酒用香精，也用于苹果、梨、香蕉、菠萝、草莓等果香型香精的调配。

羧酸和醇在酸性条件下可生成羧酸酯。

$$CH_5H_{11}COOH + CH_3CH_2OH \rightleftharpoons CH_5H_{11}COOCH_2CH_3 + H_2O$$

以上酯化反应为可逆反应，为使反应朝着有利于合成酯的方向进行，可增加反应物的浓度或减少生成物的浓度。己酸乙酯的合成采用大剂量的浓硫酸和过量的乙醇，这里浓硫酸起催化及脱水双重功能。为了进一步除去反应生成的水，使反应更完全，这里采用二步投料法，即乙醇和硫酸分2次加入。

三、仪器和试剂
仪器：电动搅拌器，三口烧瓶(250mL)，电加热套，球形冷凝管，直形冷凝管，分液漏斗(250mL)，锥形瓶(100mL、50mL)，量筒(100mL、10mL)，烧瓶(250mL)，温度计(0~200℃)。

试剂：95%己酸，95%乙醇，浓硫酸，5%碳酸钠溶液，无水硫酸镁。

四、实验步骤
1. 己酸乙酯合成

量取74mL己酸(约80g，0.68mol)和49mL乙醇加入干燥的三口烧瓶中，摇匀并小心加入7mL浓硫酸。

装配好反应装置。用电加热套进行加热，同时开动搅拌器，加热至烧瓶中物料沸腾，搅拌回流反应约4h，停止加热，冷却物料至40℃左右，加入分液漏斗中，静置分层，弃去下层废酸水，然后再重新回入原烧瓶中。加入与第一次同量的乙醇和硫酸，重复以上操作。分层弃去下层废酸水后，把物料加入蒸馏瓶中缓缓加热回收过量乙醇，温度控制在100℃以下，临结束前可抽真空，乙醇基本回收后，冷却至30~40℃，倒入分液漏斗中，加入50mL水，摇振，静置分去下层液，加入5%碳酸钠溶液于上面酯层中，不断用pH试纸测试，检验至碱性，弃去下层废液，加入40mL蒸馏水洗涤，分去水层。将酯层倒入干燥的锥形瓶中，加入3g无水硫酸镁干燥，使液体澄清。将干燥后的己酸乙酯倒入蒸馏烧瓶中，加入沸石，安装好精馏装置，收集166~168℃馏分。称重，计算产率。

溶剂：CDCl₃

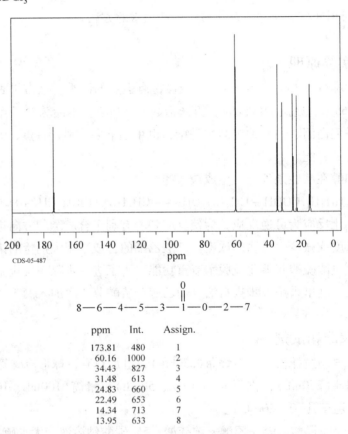

图 3-1　己酸乙酯的核磁共振谱图（C-NMR）

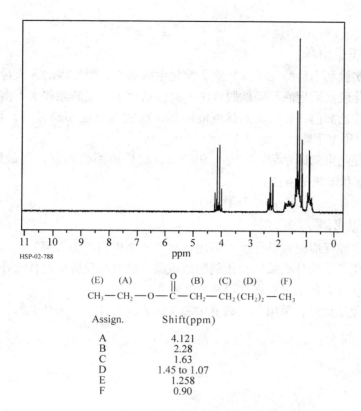

Assign.	Shift(ppm)
A	4.121
B	2.28
C	1.63
D	1.45 to 1.07
E	1.258
F	0.90

图 3-2　己酸乙酯的核磁共振谱图（H－NMR）

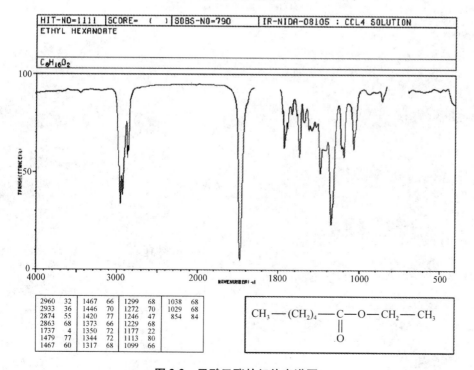

图 3-3　己酸乙酯的红外光谱图

五、注意事项

1. 本实验利用硫酸的吸水性除去酯化生成的水,所以需加入大量的浓硫酸。
2. 酯化脱水采用底部间歇脱水法,此法适合于生成的酯和水不溶的体系。
3. 回收乙醇前,硫酸废液尽可能除尽,回收时温度不易过高,否则会导致酯类分解,得率下降。
4. 酯化结束除废水后,可先中和洗涤,然后再回收乙醇,但最好使用饱和食盐水或饱和碳酸钠溶液。

六、思考题

1. 本实验反应机理是什么?采用什么方式来提高产物得率?
2. 酯化反应为什么采用大比例的浓硫酸?硫酸在反应中起什么作用?
3. 本实验为什么采取底部脱水方式?
4. 酯化结束后,采用水、碱液中和洗涤要注意什么?为什么?

实验10　留兰香油真空精馏制取香芹酮

一、实验目的
1. 了解留兰香油通过间歇式真空分馏单离香芹酮的原理及操作方法。
2. 掌握香料精油常规的精制方法,了解精油的一般特性,如旋光、折光、香气、热敏性、挥发性等。
3. 熟悉香料精油常规测试方法。

二、实验原理
香芹酮(L-carvone)为无色或淡黄色的液体,沸点231℃,密度$D_5^{25}0.960$,折光指数$n_D^{20}1.4950$,旋光$[\alpha]_D^{20}6\sim46℃$,香芹酮清滋香韵,具留兰香香气,大量用于调配糖果、口香糖、牙膏、酒类等各种食用香精,亦用于调配花香型化妆品香精。

留兰香等香料精油具有挥发性,其主要成分的沸点基本上在150~250℃,根据各组分在不同温度下的沸点,根据拉乌尔定律及气液平衡方程,收集一定馏段的馏分便可得到纯度较高的香芹酮。

香料精油中的主要成分基本属热敏性物质,在高温、氧存在下极易产生化学变化,从而导致颜色变深,香气变差,影响最终产品质量,所以分馏采用真空分馏方式。

真空分馏在真空下一是可隔绝氧气,二是由于液体的沸点随外界的压力降低而下降,所以采用真空分馏有利于提高分离出产品的质量。留兰香油中主要化学组成为:香芹酮50%~60%、柠烯15%~25%。

(L-Carvone) 分子式

三、仪器和试剂
仪器:蒸馏烧瓶(250mL),精密分馏装置,量筒(200mL),真空系统。
试剂:留兰香油。

四、实验步骤
量取125mL留兰香油倒入蒸馏烧瓶中,放2~3粒沸石,然后装到精密分馏装置上。加热、开启真空泵使真空维持在20mmHg左右,缓慢升温,当顶部有馏出物后,全回流约0.5h。然后调整回流比,控制在1:2~1:3,馏出液馏出速度约2~4滴/s,出头馏段,当低沸点馏分蒸出后,蒸馏速度逐步减慢,当塔顶温度升到96℃以上时,转换受器接受96~115℃馏分。注意记下第一滴馏分及各段馏分所对应的时间、温度,蒸馏结束后,先移去热源,待稍冷后,慢慢打开放空活塞,使系统与大气相通,最后关闭真空泵。量取体积,计算得率。

具体分馏操作可参考留兰香油主要成分真空对照沸点表(表3-1)。

表 3-1 留兰香主要成分不同真空度下沸点对照表

成 分	沸 点/℃				
	760mmHg	50 mmHg	20 mmHg	15 mmHg	10 mmHg
香芹酮	230.8	137.4	114.6	107.8	90.6
柠 烯	177.8	92.0	71.0	64.9	57.5
桉叶素	176.4	90.1	69.0	62.8	55.2
薄荷酮	209	118.5	96.1	89.6	81.6
水芹烯	175.8	93.8	73.7	68.0	60.8
α-蒎烯	154.8	74.9	55.5	49.5	42.5
β-蒎烯	164.0	80.8	59.7	52.6	45.5

溶剂：CDCl$_3$

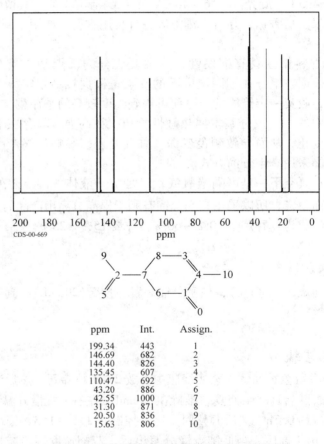

图 3-4 香芹酮的核磁共振谱图(C-NMR)

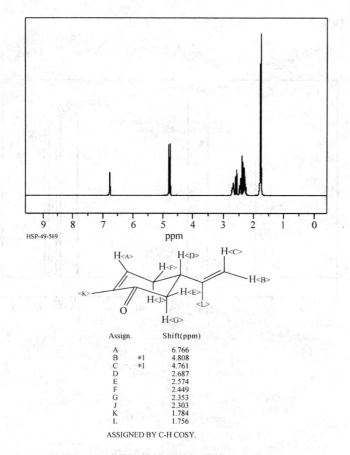

图 3-5 香芹酮的核磁共振谱图（H-NMR）

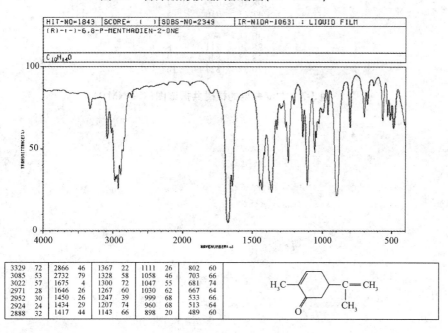

图 3-6 香芹酮的红外光谱图

溶剂：CDCl₃

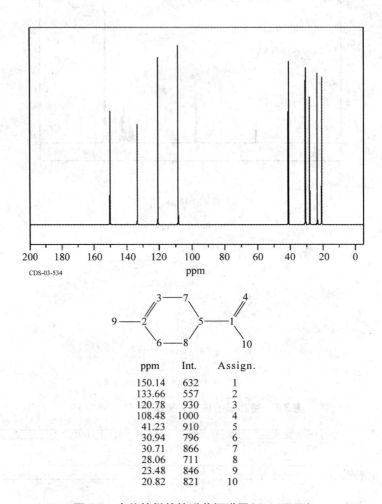

ppm	Int.	Assign.
150.14	632	1
133.66	557	2
120.78	930	3
108.48	1000	4
41.23	910	5
30.94	796	6
30.71	866	7
28.06	711	8
23.48	846	9
20.82	821	10

图 3-7　右旋柠烯的核磁共振谱图（C–NMR）

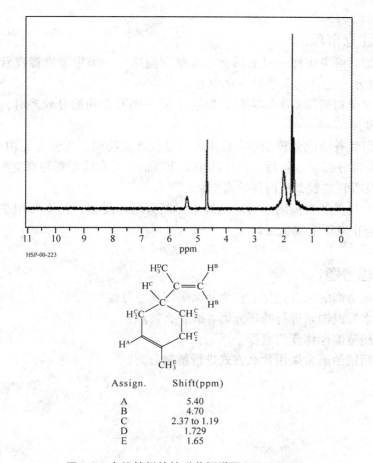

图 3-8　右旋柠烯的核磁共振谱图（H-NMR）

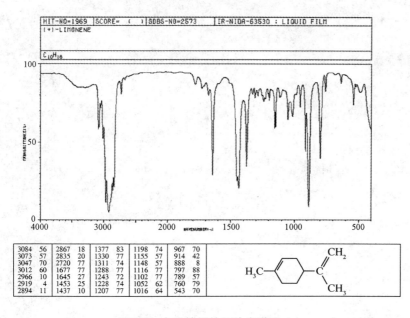

图 3-9　右旋柠烯的红外光谱图

五、注意事项

1. 蒸馏时可考虑加一根毛细管插入蒸馏烧瓶中，采用带夹橡皮管调节空气流量，产生小气泡作为蒸馏时气化中心。

2. 在接受初馏段基本结束后，如塔顶 82~96℃ 之间馏分较多时，可另接受部分过度段。

3. 如留兰香油成分较杂并含较多的水及低沸点物时，可考虑先用水泵抽气，减压、除去部分低沸点物后，再用油泵减压蒸馏。并在接受器与真空泵之间分别安装冷阱及吸收装置，从而保护真空泵。

4. 馏分接受器必须用圆底烧瓶或梨形瓶等耐压受器，切不可用平底烧瓶或锥形瓶，防止减压下发生爆炸。

六、思考题

1. 减压蒸馏的原理是什么？为什么采用真空分馏？
2. 用水泵或油泵进行减压分馏各有什么特点？
3. 减压蒸馏操作要注意哪些问题？
4. 香精精油通常采用什么方式进行精制分离？

实验 11　乙酸异戊酯的合成

一、实验目的
1. 学习有机酸酯的制备原理和乙酸异戊酯的制备方法。
2. 学习多组分恒沸蒸馏塔顶除去酯化水的方法。

二、实验原理
乙酸异戊酯(isoamyl acetate)为无色液体；强烈新鲜的梨果香，稍甜，似香蕉、生苹果香气。沸点142℃，密度D_{25}^{25}0.875，折光指数n_D^{20}1.400，几乎不溶于水，溶于绝大多数有机溶剂。主要应用于食用香精，常在香蕉、苹果、梨、可可、葡萄及草莓香精中使用。

乙酸和异戊醇在硫酸存在下，酯化生成乙酸异戊酯。

$$CH_3-CH-CH_2-CH_2-OH + CH_3-\overset{O}{\overset{\|}{C}}-OH \underset{}{\overset{H_2SO_4}{\rightleftharpoons}} CH_3\overset{O}{\overset{\|}{C}}-OCH_2CH_2CH\begin{smallmatrix}CH_3\\CH_3\end{smallmatrix} + H_2O$$
$$\underset{CH_3}{|}$$

酯化反应为可逆反应。为了使反应平衡向右移动，可增加反应物的浓度或减少生成物的浓度。本实验是采用在反应中不断除水的方法，使反应完全。反应产生的水和异戊醇、乙酸异戊酯会产生三者共沸。三者共沸物在分水器中分层，醇、酯回流入烧瓶中继续反应，水从分水器底部除去，共沸物蒸汽上升时需通过分馏，以使塔顶水、醇、酯能以共沸比例蒸出，从而提高除水效率。

三、仪器和试剂
仪器：电加热套，搅拌器，三口烧瓶(250mL)，分水器，冷凝管，分液漏斗(250mL)，自制蒸馏塔(玻璃)，锥形瓶(50mL)，烧瓶(250mL)，量筒(10mL、100mL)，温度计。

试剂：乙酸，异戊醇，浓硫酸，10%碳酸钠溶液，饱和食盐水，无水硫酸镁。

四、实验步骤
量取87mL异戊醇(约71g，0.8mol)和50mL乙酸(约52g，0.8mol)加入事先干燥好的三口烧瓶中，缓缓加入1mL浓硫酸，在分水器中事先加水，使水位略低于回流支口。

电加热套加热，同时开动搅拌器，加热至烧瓶中物料沸腾，进行回流，保证分水器中的水位，并不断除去生成的水，当不再有水生成后继续反应 40min。停止加热，记录分出的水量。

冷却后，将分水器中的酯及烧瓶中的酯一并倒入分液漏斗中，加入 60mL 水洗涤，然后用 60mL 10% 碳酸钠溶液洗涤，并用 pH 试纸检验至酯层为中性或微碱性，再用 80mL 食盐水分 2 次洗涤。将酯层倒入干燥的锥形瓶中，加入少量无水硫酸镁干燥。

将干燥后的乙酸异戊酯倒入干燥的 250mL 蒸馏烧瓶中，加 2～3 粒沸石，加热收集 134～141℃ 的馏分。

溶剂：CDCl$_3$

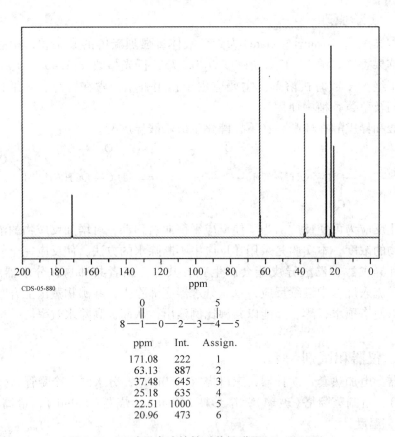

图 3-10　乙酸异戊酯的核磁共振谱图（C – NMR）

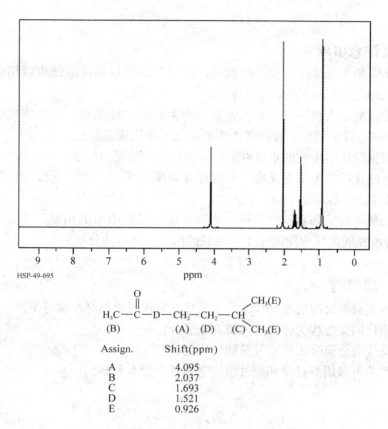

Assign.	Shift(ppm)
A	4.095
B	2.037
C	1.693
D	1.521
E	0.926

图 3-11　乙酸异戊酯的核磁共振谱图（H–NMR）

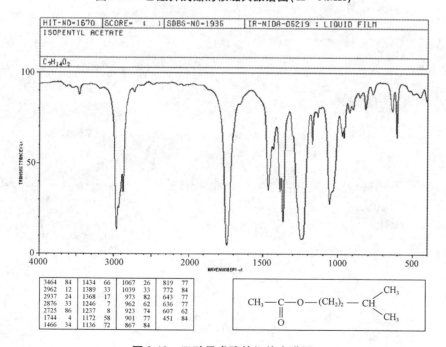

图 3-12　乙酸异戊酯的红外光谱图

五、注意事项

1. 本实验为等摩尔反应，但也可乙酸过量，然后在反应结束后用碳酸钠溶液把过量的酸洗去。
2. 浓硫酸加入量不可太多，否则会产生底部过热结焦。并且浓硫酸除有催化作用外还有吸水功能，硫酸多产生的水就不易从顶部蒸出。
3. 根据反应中生成的水量可估计出酯化反应的完全程度。
4. 本酯化反应为可逆反应，水的存在对酯的生成不利，所以三口烧瓶、蒸馏烧瓶及连接仪器均需干燥。
5. 乙酸异戊酯和水少许溶解，所以在洗涤过程中水的用量不能太大，可用盐水进行洗涤既可减少酯溶于水中造成的损失，又可使分层更明显。

六、思考题

1. 本实验的反应机理是什么？采用什么方式可以提高产物得率？
2. 酯化回流过程为什么引入精馏塔部分？
3. 反应完全应分出的水分是如何确定的？
4. 实验可采用醇过量和酸过量，它们各有什么利弊？

实验 12　紫罗兰酮合成实验

一、实验目的
1. 了解紫罗兰酮反应原理和合成方法。
2. 掌握萃取、水蒸气冲蒸、真空蒸馏等操作技术。

二、实验原理
紫罗兰酮(ionone)主要存在三种异构体 α-、β- 和 γ- 紫罗兰酮，商品紫罗兰酮主要为 α- 紫罗兰酮、β- 紫罗兰酮。

α- 紫罗兰酮为无色或淡黄色液体，具有紫罗兰花和鸢尾的甜香，并具有香脂的花香香韵，微溶于水和丙二醇，溶于乙醇和油类。沸点 237℃，密度 $D_{25}^{25}0.927$，折光指数 $n_D^{20}1.4982$。

α- 紫罗兰酮为最有用的香料之一，适用于各种香型，具有修饰、和合、增甜、增花香、圆熟等作用，广泛用于紫罗兰、玫瑰、柑橘等系列香精，亦可调配浆果、柑橘、香荚兰等香型的食用香精。

β- 紫罗兰酮为无色或淡黄色的油状液体，沸点 239℃，具有柏木覆盆子等香型香气。密度 $D_{25}^{25}0.941$，折光指数 $n_D^{20}1.5183$，溶解性类似 α- 紫罗兰酮。

β- 紫罗兰酮常用于调配口红、皂用等日化香精，也可调配草莓、樱桃、葡萄等食用香精，另外也是合成维生素 A 的重要原料。

柠檬醛与丙酮在稀碱情况下产生羟醛缩合反应。此反应是丙酮在催化剂碱的作用下，失去一个质子，同时形成一个非常不稳定的负碳离子，作为亲核试剂加成到柠檬醛上。羟醛缩合产物中的 α- 氢原子受到羟基和邻近羰基的影响性质非常活泼，极易脱水而形成假性紫罗兰酮。

假性紫罗兰酮在酸性条件下会发生环化反应，在环化反应的过程中，由于双键的移位，可以产生 α- 异构体及 β- 异构体，因此产物往往总是一个混合物。一般来说，使用中等浓度的硫酸作催化剂，在非极性溶剂中，产物主要是 α- 异构体。而用浓硫酸，极性溶剂则有利于 β- 异构体的形成。本实验采用的以生成 α- 异构体为主的合成路线：

$$\underset{\text{柠檬醛}}{\text{CH}_3\text{-C(CH}_3\text{)=CH-CH}_2\text{-CH}_2\text{-C(CH}_3\text{)=CH-CHO}} \xrightarrow[\text{NaOH}]{\text{CH}_3\text{COCH}_3} \underset{\text{假性紫罗兰酮}}{} \xrightarrow{\text{H}_2\text{SO}_4 \text{ 或 H}_3\text{PO}_3}$$

α—紫罗兰酮 + β—紫罗兰酮

三、仪器和试剂

仪器：三口烧瓶(250mL)，电动搅拌器，恒温水浴，分液漏斗(250mL)，冷凝管，电加热套，烧杯，蒸馏烧瓶(250mL)，水浴锅，温度计，锥形瓶，真空分馏装置，接收瓶，滴液漏斗。

试剂：68%山苍子油，1.5%氢氧化钠溶液，丙酮，62%硫酸，2%醋酸，苯，5%纯碱液。

四、实验步骤

1. 缩合反应

分别将20g山苍子油，40g丙酮，40g 1.5% NaOH溶液加入到250mL三口烧瓶中，安装好反应装置，在强烈搅拌下，用恒温水浴升温到50℃，保持2h，然后升温至60℃，保持3.5h。反应结束后静置0.5h，然后用分液漏斗分去碱水，再用稀醋酸中和洗涤至反应液呈弱酸性(用试纸测试)。把经中和洗涤后的反应液加入烧瓶中，加热回收丙酮，然后用直接蒸汽冲蒸，除去低沸点物，留在烧瓶中的油状物即为粗假性紫罗兰酮。用折光仪测定，要求假性紫罗兰酮折光指数在1.5150左右。

2. 环化反应

原料配比：假性紫罗兰酮∶62%硫酸∶苯 = 1∶1.5∶1.23。

首先把30g 62%硫酸、24.6g苯加入到250mL的三口烧瓶中，在水浴中冷却至20℃左右，用滴液漏斗慢慢加入20g假性紫罗兰酮，控制温度不超过29℃，加完后继续搅拌30min，任其温度上升至36℃，维持30min。迅速把反应液加入到盛有冰块的烧杯中，搅拌，冰溶解，再加入到分液漏斗中分去水层，上层油液，用水、纯碱液洗至中性。把经中和洗涤后的反应液倒回烧瓶中，水浴加热，回收溶剂，再用直接水蒸气冲蒸，蒸出粗品紫罗兰酮。把粗紫罗兰酮加入烧瓶中，用真空精馏装置进行分馏，在真空下分馏收取紫罗兰酮馏分。称重，计算产率。

溶剂：CDCl₃

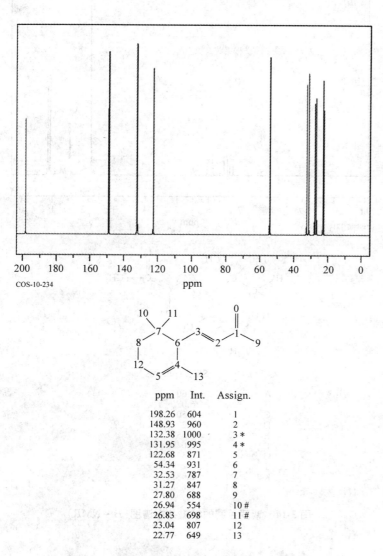

图3-13 紫罗兰酮的核磁共振谱图(C-NMR)

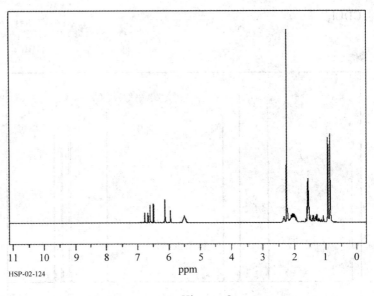

Assign.		Shift (ppm)
A		6.60
B		6.07
C		5.50
D		2.27
E		2.251
F		2.04
G		1.57
J		1.67 to 1.03
K	*1	0.932
L	*1	0.858

图 3-14 紫罗兰酮的核磁共振谱图（H – NMR）

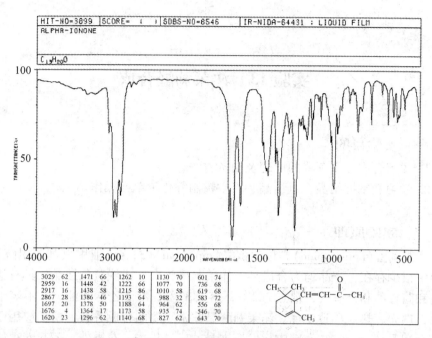

图 3-15　紫罗兰酮的红外光谱图

五、注意事项

1. 缩合反应的假性紫罗兰酮也可用真空分馏精制后再进行环化,这样假性紫罗兰酮纯度高,副反应少,产物纯度高,但多一步真空分馏。

2. 环化反应结束时,要备好足够量的冰块从而使反应物能迅速冷却下来,否则产物易树脂化。

3. 环化后的产物可不进行冲蒸,而直接进行真空分馏,同样可得纯度较高的产品,但香气指标不能满足要求。

六、思考题

1. 由山苍子油中的柠檬醛合成紫罗兰酮,主要经历哪些反应过程?写出反应式。
2. 紫罗兰酮有什么特点?适用范围有哪些?
3. 环化反应采取的酸强度及溶剂的极性对最终产物有什么影响?

实验 13　洋茉莉醛合成

一、实验目的
1. 了解合成洋茉莉醛的原理及制备方法。
2. 学习和掌握结晶、重结晶、真空精制等化工单元操作。

二、实验原理

洋茉莉醛（heliotropine）亦称胡椒醛（piperonal）(3，4-亚甲氧基苯甲醛)，自然界中很少存在，产品均为合成品。洋茉莉醛为白色或淡黄色结晶，具有清甜的豆香和茴青的和合香气，沸点263℃，熔点37℃，溶于乙醇和油类，不溶于甘油和水，遇光、热易导致变色。洋茉莉醛是非常重要的合成香料，广泛应用于化妆品及食用香精中，它在香精中除发挥本身的优异粉香、花香外，还起着很好的定香作用，另外还可大量应用于电镀及医药中间体合成等方面。

在氢氧化钾的作用下，黄樟油素分子中的—CH_2—CH =CH_2基被异物化成为与苯环共轭的—CH =CH—CH_3基，即生成异黄樟油素。异黄樟油素在氧化剂红矾钠（$Na_2Cr_2O_7$）存在下，环上的丙烯基双键发生断链氧化成醛基，反应中加入一定量的对氨基苯磺酸来控制氧化的程度，以免醛进一步氧化，从而得到洋茉莉醛。

三、仪器和试剂

仪器：电动搅拌器，电加热套，恒温水浴，三口烧瓶（250mL、500mL），分液漏斗，滴液漏斗，温度计（0～100℃、0～200℃），蒸馏烧瓶，烧杯，量筒，真空分馏装置，接收瓶，冷凝管。

试剂：90%黄樟油素，氢氧化钾，固载 PEG-400，对氨基苯磺酸，32%硫酸，重铬酸钠，5%碳酸钠溶液，苯，95%乙醇，饱和盐水。

四、实验步骤
1. 异构化反应

将50g黄樟油素加入到三口烧瓶中，加热升温，同时开启真空泵，真空度维持在 10mmHg 左右,并真空鼓泡。升温至 80℃左右,分馏除去水分及轻组分。水分和轻组分出尽后把物料温度降至 70℃以下,加大鼓泡强度,缓缓加入 2.5g50%氢氧化钾溶液,逐步升高温度至 170℃,保持全回流 8h,抽样测试,当折光指数达到 1.575 0 时,异构完成。弃去碱液,蒸馏收集异黄樟油素。

(1) 氢氧化钾催化异构

将 100g 黄樟油素加入到三口烧瓶中,加热升温,同时开启真空泵,真空度维持在 10mmHg 左右,并真空鼓泡。升温至 80℃左右,分馏除去水分及轻组分。水分和轻组分出尽后把物料温度降至 70℃以下,加大鼓泡强度,缓缓加入 5g 50%氢氧化钾溶液,逐步升高温度至 170℃,保持全回流 8h,抽样测试,当折光指数达到 1.575 0 时,异构完成。弃去碱液,蒸馏收集异黄樟油素。

(2) 液态 PEG-400 催化异构

称取 100g 黄樟油素,10g 氢氧化钾和 12.5g PEG-400,加入四口烧瓶,于 80℃反应 2.5h,结束后加入 100mL 环己烷;用等量的水洗涤 3 次(可加入少许稀酸至中性)以除去 PEG-400;所得产品用无水硫酸钠干燥即得异黄樟油素粗品。

(3) 固载 PEG-400 催化异构

称取 100g 黄樟油素,15g 粉末状氢氧化钾和 30g 固载 PEG-400,加入四口烧瓶,反应 3h 后结束,过滤即得异黄樟油素粗品。固载 PEG-400 经乙醇、水洗干燥后备用。

2. 氧化

将 20g 异黄樟油素,32g 红矾钠,16.8g 水,0.54g 对氨基苯磺酸加入到三口烧瓶中,搅拌 10min,使物料混合均匀。滴加 13.2g 32%硫酸溶液,控制反应温度在 50℃以内,滴加时间约 50min,滴加结束后,利用反应升温至 55~60℃,在搅拌下保温 50~60min,然后冷却降温。

3. 萃取、洗涤中和

物料降温至 40℃左右,倒入分液漏斗,加入 40mL 苯萃取,充分摇荡约 5min,然后静置分层。苯进行二次萃取,弃去下层液,合并二次萃取液,加入与苯萃取液等量的 40℃温水洗涤 2 次,再用少量 15%氢氧化钠溶液中和至 pH 为中性,再用 10mL 5%碳酸钠溶液洗涤,最后用 1/2 量的饱和食盐水洗涤。

4. 蒸馏、减压分馏

将苯提取液加入到蒸馏烧瓶中,加热回收苯,然后进行真空分馏,在 130℃/10mmHg 以前蒸出水分和轻组分,继续升温,同时收集 130~150℃馏分,得粗品洋茉莉醛。

5. 结晶重结晶

蒸出的洋茉莉醛趁热倒入结晶盘中,先自然结晶,然后放入冰箱中,在 -5℃下过夜,把经冻硬的结晶物敲碎,于常温下用 95%乙醇清洗,后过滤,离心机甩干(温度控制在 25℃左右),加热使结晶物熔化,再冷冻结晶,重复以上操作。经四洗二甩三结晶,最后放入鼓风干燥箱内在 22℃条件下干燥,得洋茉莉醛。称量,计算得率。

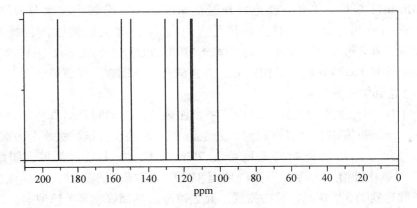

```
Protocol of the C-13 NMR Prediction:

Node     Shift      Base + Inc.    Comment (ppm rel. to TMS)
 C       130.2       128.5         1-benzene
                       8.2         1 -C=O
                      -7.7         1 -O-C
                       1.0         1 -O-C
                       0.2         general corrections
 CH      123.2       128.5         1-benzene
                       1.2         1 -C=O
                       1.0         1 -O-C
                      -7.7         1 -O-C
                       0.2         general corrections
 CH      115.8       128.5         1-benzene
                       0.5         1 -C=O
                     -14.4         1 -O-C
                       1.0         1 -O-C
                       0.2         general corrections
 C       154.6       128.5         1-benzene
                       5.8         1 -C=O
                      33.5         1 -O-C
                     -14.4         1 -O-C
                       1.2         general corrections
 C       149.3       128.5         1-benzene
                       0.5         1 -C=O
                     -14.4         1 -O-C
                      33.5         1 -O-C
                       1.2         general corrections
 CH      115.1       128.5         1-benzene
                       1.2         1 -C=O
                       1.0         1 -O-C
                     -14.4         1 -O-C
                      -1.2         general corrections
 CH2     101.2        -2.3         aliphatic
                      98.0         2 alpha -O
                       9.3         1 beta -1:C*C*C*C*C*1
                      -3.8         general corrections
 CH      191.0       193.0         1-carbonyl
                      -3.0         1 -1:C*C*C*C*C*1
                       1.0         general corrections
```

ChemNMR C-13 Estimation

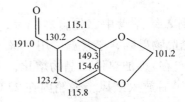

图 3-16　洋茉莉醛的核磁共振谱图（C－NMR）

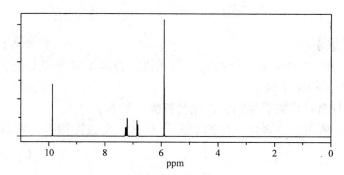

```
Protocol of the H-1 NMR Prediction:
Node    Shift       Base + Inc.     Comment (ppm rel. to TMS)
 CH     7.26         7.26           1-benzene
                     0.55           1 -C=O
                    -0.11           1 -O-C
                    -0.44           1 -O-C
 CH     6.85         7.26           1-benzene
                     0.19           1 -C=O
                    -0.49           1 -O-C
                    -0.11           1 -O-C
 CH     7.21         7.26           1-benzene
                     0.55           1 -C=O
                    -0.11           1 -O-C
                    -0.49           1 -O-C
 CH₂    5.90         5.90           1,3-dioxole
 CH     9.87         9.60           CHO
                     0.27           1 -1:C*C*C*C*C*1
```

ChemNMR H-1 Estimation

图 3-17　洋茉莉醛的核磁共振谱图(H–NMR)

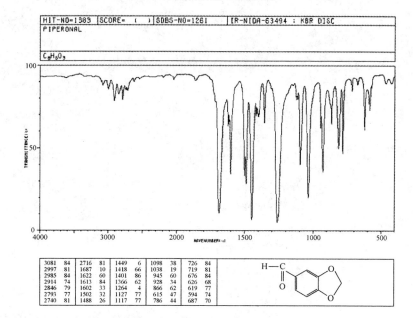

图 3-18　洋茉莉醛的红外光谱图

五、注意事项

1. 氧化时滴加 32% 氢氧化钠溶液不能快，否则温度升高会使反应过度，副产物增加，产品得率下降。

2. 真空分馏时管路要保温，以免管路发生堵塞。

3. 本实验所用的许多化学试剂有毒、有害，腐蚀性很强，所以操作时要非常小心。

六、思考题

1. 由黄樟油素合成洋茉莉醛主要反应过程是什么？其原理是什么？
2. 真空精馏蒸出洋茉莉醛为什么需管路保温？
3. 洋茉莉醛为什么需要进行结晶重结晶？

实验 14　相对密度测定

一、实验目的
1. 了解相对密度测定原理。
2. 掌握韦氏天平及比重瓶的使用方法。

二、实验原理
1. 韦氏天平法

在同一温度下，一定体积的物体在各种液（气）体中所受的浮力，与该液（气）体密度成正比。即一个物体在某液（气）体中减轻的重量（浮力），恰为与该物体相等体积的液（气）体的质量。

液体比重天平是将一个一定质量、一定体积的测锤，放入被测液体中，根据测锤减轻的质量测出该液体相对密度。

$$\text{水 } d_{20}^{20} = 0.998\,2 \qquad \text{乙醇 } d_{20}^{20} = \frac{W}{0.998\,2} \qquad t = 20℃ \pm 0.5℃$$

2. 比重瓶法

单位体积内所含物质的质量称为该物质的密度，物质密度的大小，与该物质的性质和所处的条件（温度压力）有关。

$$\text{相对密度} \quad \rho = \frac{m}{v} \qquad d_t^t = \frac{\rho_1}{\rho_{H_2O}}$$

$$d(H_2O) = \frac{m_i}{m_{H_2O}}$$

乙醇 d_t^t 相当于 20℃ 时乙醇的密度与水的密度之比。平行实验，误差小于 0.000 4g。在空气中 20℃ 样品与等体积水（20℃）的质量之比值，则为此试样的相对质量。

三、仪器
韦氏天平，恒温水浴，比重瓶（带有温度计的 25mL 或 50mL）。

四、实验步骤
1. 韦氏天平法

用蒸馏水注入仪器所配的玻璃圆筒中，将圆筒置于恒温水浴中，调节温度到 20℃ ±0.5℃，将悬于秤端的玻璃锤浸入圆筒内的蒸馏水中。秤臂右端悬挂游码于 0.998 2 比重处，调节秤臂左端平衡用的螺旋使平衡。然后将圆筒内的蒸馏水倒出，吹干，装入试样，并在恒温水浴中调节温度至 20℃ ±0.5℃，再将拭干的玻璃锤浸入试样中，调节秤臂上游码的重量与位置使平衡。读取数值，并将此数值除 0.998 2，即得试样的相对密度 d_{20}^{20}。

2. 比重瓶法

先在比重瓶内盛满洗液（三氧化铬硫酸溶液），放置 3h 后倾出，用蒸馏水洗涤干净。

用新煮沸过并已预冷至 15℃ 的蒸馏水充满比重瓶，置于 15℃ 的水浴中，使水浴温度缓慢升温至 20℃，用软纸擦去多余的水来校正水面，盖上瓶盖，从水浴中取出比重瓶，用软纸仔细擦干，放置 30min 后准备称量，盛满水的比重瓶减去空瓶重即为此比重瓶的"水当量"。

测完水后的比重瓶，依次用乙醚、乙醇洗净，再用电吹风吹干，然后加入预冷至 15℃ 的试样，如上述把它放在水浴中并慢慢加热至 20℃，校正试样液面，盖上瓶盖，将瓶擦干后称重。将比重瓶中的试样重量除以水当量即得 20℃ 时的相对密度。

五、注意事项

1. 韦氏天平测量时，玻璃锤必须完全浸没在水中，同时挂丝不能过长，否则影响精度。
2. 比重瓶测量时，水浴后的比重瓶必须完全擦干，否则会造成误差。
3. 韦氏天平测量时，如需测出在不同温度下试样的比重，则需进行换算。

六、思考题

1. 相对密度测定原理是什么？
2. 如设定温度变化，则测定条件要做如何调整？

实验 15 折光指数的测定

一、实验目的
1. 了解折光指数的概念及意义。
2. 初步掌握阿贝折光仪的使用方法。

二、实验原理
波长一定的单色光,在一定的条件下(温度、压力),从一介质进入另一介质时,入射角的正弦与折射角的正弦之比,对这两种介质来说是一个定值,即

$$n = \frac{\sin i}{\sin r}$$

式中：n——相对折光指数(相对折射率);
　　　i——入射角;
　　　r——折射角。

因此,在真空或空气(组成、密度不变时)中测定某一有机物,其折光指数为一常数(在真空中测得的折射率称为绝对折射率),不同的有机物也就有不同的折光指数。

折光指数(折射率)的特征数值对检验有机物的纯度、评定产品的等级、观察混合物的组成方面有重要的作用,但同一物质的折光指数,随测量时的温度(影响被测液体的密度)及入射光的波长(影响光在介质中传播的速度)的不同而不同。

因此,在折光指数 n 的表示式中要注明测定时的温度和波长,即 t 为温度(℃), D 为波长 5 893Å(1Å = 10^{-10}m)的钠光。一般测定时的温度为20℃,应用波长为 5 893Å 的钠光。

三、仪器和试剂
仪器：阿贝折光仪,超级恒温水浴,滴瓶,擦镜纸。
试剂：样品液,乙醚。

四、实验步骤

(一)折光仪的校正

折光仪在使用过程中要定期进行校正,校正可采用标准玻璃块或已知折射率

的液体(如蒸馏水)作标准。

1. 用标准玻璃块校正

每架折射仪都附有一块标准玻璃块，它的折射率就刻在上面，其校正步骤如下：

①打开折射棱镜的锁紧扳手，将下折射棱镜向前翻起。

②在标准玻璃块的抛光面上加一小滴α-溴萘，将它贴在上折射棱镜的抛光面上，标准玻璃块侧面抛光一端应向上，以便接受光线。

③分别调整读数镜筒和望远镜筒上的目镜焦距以及反镜的位置，使视野中能清晰地看到刻度值和交叉的十字线。

④转动棱镜手轮，使读数法线所指的刻度值恰为标准玻璃块的折射率。

⑤转动色散手轮，使视野中见到最清晰的黑白分界线。此时若黑白分界线不在十字交叉线的交点上，则用仪器附件——小方榫调节镜筒上的示值调节螺丝，使黑白分界线恰在十字交叉线的交点上。

⑥前后转动棱镜手轮，再还原，复核读数有否变动或差错，经复核无误后，取下小方榫，校正工作结束。在以后的测定中，示值调节螺丝不能再动，否则又需重新校正。

2. 用水校正

用蒸馏水校正很方便，其具体步骤如下：

①打开折射棱镜锁紧扳手，使下折射镜的磨砂面处于水平位置，用滴管加一二滴蒸馏水，合上棱镜用扳手锁紧。

②从棱镜温度计上读出温度示值，并从表3-2查出在此温度时的折光指数。

表3-2　不同温度下蒸馏水折光指数

温度/℃	折光指数	温度/℃	折光指数	温度/℃	折光指数
10	1.333 7	17	1.333 2	24	1.332 6
11	1.333 6	18	1.333 2	25	1.332 5
12	1.333 6	19	1.333 1	26	1.332 4
13	1.333 5	20	1.333 0	27	1.332 3
14	1.333 5	21	1.332 9	28	1.332 2
15	1.333 4	22	1.332 8	29	1.332 1
16	1.333 3	23	2.332 7	30	1.332 0

③转动棱镜手轮，使读数法线所指的刻度恰好为水的折射率，此后的步骤与用标准玻璃块校正步骤相同。

（二）折光指数的测定

测定液体物质的折光指数，操作步骤与用蒸馏水校正仪器时完全一样。测定透明固体时，镜筒要扳向下，折射棱镜筒向上，用α-溴萘将其抛光面粘在上折射棱镜上。

五、注意事项

1. 在测定中若发现黑白分界不清,甚至出现彩色无法调去,表明棱镜间被测液体量不足(加得太少或挥发了)或有气泡,应重新加液。

2. 在测量折光指数大于 1.66 的固体时,不能用 α-溴萘黏合(α-溴萘的折光指数为 1.658 8)而应改用二碘甲烷(n_D^{20} 为 1.765)(黏合液的折光指数应大于被测物的折光指数)。

3. 折光仪不能用于测定强碱性的有腐蚀性的物质。

4. 棱镜表面必须保持清洁、平滑,不能用硬的(如指甲)物件划伤。

六、思考题

1. 折光指数测定的原理是什么?
2. 确定物质的折光指数有何意义?

实验 16　旋光度的测定

一、实验目的

1. 了解旋光度是旋光性有机物的特征常数。
2. 初步掌握旋光度的测定方法。

二、实验原理

当有机化合物分子中含有手性碳原子时，该分子就表现出具有旋光性，当平面偏振光通过具有手性的有机物分子时，偏振光的偏振面会发生偏转，偏转的度数即为该手性有机物的旋光度，对某一个具体有机物旋光度是一个常数。

三、仪器和试剂

仪器：旋光仪（具有钠光光源），交流稳压器。
试剂：试样液。

四、实验步骤

先将光源对准旋光仪的中心轴，使由目镜观察时，有清晰的视野场，用蒸馏水校正刻度盘上的零点。将试样注入 100mm 旋光管中，再置于中心轴槽中的起偏振镜与检偏振镜间观察。

调整目镜，使有清晰的视野场，转动检偏振镜的螺旋，直至视野场中明暗两部分的亮度相同，而由此微向左转或向右转时，即发生明暗度差别。读取此时在刻度盘上的度数，再缓缓转动检偏振镜的螺旋。用同法读取刻度盘上的度数 2 次。取 3 次的平均数。即为试样的旋光度。

平行试验结果允许误差为 0.2。

五、注意事项

1. 试样的装填：把旋光度管一端螺帽打开，用少量待测液淋洗管子 2～3 次后，注入试样液至液面略凸出管口，沿管口边平插入盖玻片，旋上螺帽（不宜过紧）。用擦镜纸或脱脂棉吸去液体，擦干净盖玻片外部的液体。若试样管口仍有气泡，应把气泡赶入试样管的凸出部分，若试样管无凸出部分，则应打开螺帽和盖玻片后重装。

2. 一般精油的旋光度受温度的影响较小，故测定时常在室温下观察，但对含有大量高度光学活性的精油或以旋光度来评定质量时，应规定观察温度，一般规定用20℃。

3. 如试样含有少量水分或悬浊物,在观察前需用无水硫酸镁干燥,过滤。

4. 颜色较深的试样,不能用100mm旋光管观察,可用50mm或25mm的旋光管。澄清淡色的油样,而旋光度又很小时,可用较长的旋光管如200mm。用50mm或25mm旋光管时,观察所得的旋光度分别乘以2或4;用200mm旋光管时,以1/2换算到100mm旋光管所得的旋光度。

5. 试样颜色过深或固体试样应先用光学不活性的溶剂(化学纯95%乙醇)配成一定浓度的溶液后进行观察,并用比旋光度表示:

$$Y\alpha Y_D^t = \frac{100\alpha}{L \times C}$$

式中:$Y\alpha Y_D^t$——在温度 t℃时的比旋度(钠光);
α——在温度 t℃时,溶液的旋光度;
L——旋光管长度(cm);
C——溶液的浓度,以试样在100mL溶液中的克数表示。

6. 固体物质的比旋光度与溶液的浓度和所用的溶剂有关,所以在报告结果必须注明溶剂和浓度。

六、思考题

1. 旋光度测定的原理是什么?如何测定?
2. 了解物质的旋光度特征常数有什么意义?通常哪些物质有旋光性?
3. 从化合物分子结构分析,如何确定它是否可能具有旋光性?

实验17 醛酮含量测定法(中性亚硫酸钠法)

一、实验目的
1. 了解醛酮含量的测定方法。
2. 掌握羰值的测定方法。

二、实验原理
含羰基化合物醛酮可以和亚硫酸钠起加成反应,含醛酮的精油通常不溶于水,比水轻,所以油层在上,水层(亚硫酸钠溶液)在下,醛酮的加成物或溶于水相或产生结晶沉于底部。结果油相层部分减少,我们可根据油层的变化计算出醛酮的含量。

$$\begin{matrix}R_1\\R_2\end{matrix}\!\!>\!\!C\!=\!O + Na_2SO_3 + H_2O \xrightarrow{\text{加热}} \begin{matrix}R_1\\R_2\end{matrix}\!\!>\!\!C\!\!<\!\!\begin{matrix}OH\\SO_3Na\end{matrix} + NaOH$$

三、仪器和试剂
仪器:醛瓶(150mL),瓶颈上有 0~10mL 刻度,并具有 0.1mL 的分刻度;移液管(10mL)。

试剂:

中性亚硫酸钠饱和溶液。在澄清亚硫酸钠饱和溶液中,以酚酞为指示剂,加入亚硫酸氢钠溶液(30%)使呈中性,该试剂在应用时新鲜配制并过滤备用。

醋酸溶液(1+1)。

1%酚酞指示液(乙醇溶液)。

四、实验步骤
用移液管精确吸取干燥并经过滤试样10mL,注入醛瓶中。加入75mL中性亚硫酸钠饱和溶液振摇使之混合,加入2滴酚酞指示液,随即置于沸水浴中不断振荡,当粉红色显现时,加入数滴醋酸溶液(1+1),使瓶内混合液的粉红褪去。重复加热振荡。当粉红色不再显现时,再加入数滴酚酞指示液,继续加热15min。如不再显现粉红色时,取出冷却至室温,当油层完全与溶液分离后,加入定量的中性亚硫酸钠饱和溶液,使油层完全升至瓶颈刻度处。读取油层的毫升数。

按容量计算的醛(酮)含量的百分率(X)按下式计算:

$$X = \frac{V - V_1}{V} \times 100\%$$

式中：V——试样的毫升数；

V_1——油层的毫升数；

平行试验结果的容许差为 1%。

五、注意事项

1. 如试样含有金属杂质，则将试样摇匀后，取约 50mL，再加约 0.5g 酒石酸，搅拌静置后过滤备用。

2. 反应进行时，必须使水浴处于沸腾状态，并不断振荡，以使反应完全。香芹酮的反应约需 1h，胡薄荷酮和胡椒酮的反应很慢，最好用 5mL 油样。

3. 如有油滴黏附瓶壁时，可将瓶置于掌心快速旋转或轻敲瓶壁使油滴全部上升至瓶颈。

4. 冷却至室温时，有时会发现小量亚硫酸盐加成物从溶液中沉淀出来，且往往留存在油层和溶液层之间，这样使读取毫升数时发生困难。可用滴管沿细颈内壁滴加几滴水，使油层和溶液层分离清晰。

六、思考题

1. 醛酮含量测定的原理是什么？
2. 反应时为什么要不断地加入醋酸溶液？

第 4 章 胶黏剂

实验 18 双酚 A 环氧树脂的合成

一、实验目的
1. 了解双酚 A 环氧树脂的合成原理及方法。
2. 掌握树脂环氧值的测定方法及树脂分子量的确定。

二、实验原理
双酚 A 环氧树脂为浅黄至棕黄色透明高黏度液体，易溶于二甲苯、异丁酮等有机溶剂。

环氧树脂胶黏剂由于其良好的黏结性能，而被广泛地用于飞机、汽车、建筑、电子电器及木材加工等部门，它常用来黏结钢、铝、铜等金属及陶瓷、玻璃、硬塑料、木材等非金属材料。

双酚 A 与环氧氯丙烷在碱存在下不断地进行环氧基开环和闭环反应，经多步的聚合得到符合要求的双酚 A 环氧树脂，反应式表示如下（简化）：

$$(n+1)HO-\text{C}_6\text{H}_4-C(CH_3)_2-\text{C}_6\text{H}_4-OH + (n+2)CH_2(O)CH-CH_2Cl \xrightarrow{NaOH}$$

$$CH_2(O)CH-CH_2\left[-O-\text{C}_6\text{H}_4-C(CH_3)_2-\text{C}_6\text{H}_4-O-CH_2-CH(OH)-CH_3\right]_n$$

$$-O-\text{C}_6\text{H}_4-C(CH_3)_2-\text{C}_6\text{H}_4-O-CH_2-CH_2-CH(O)CH_2$$

根据主要原料双酚 A 及环氧氯丙烷的摩尔比不同、工艺不同，可得到不同性能的环氧树脂。

环氧树脂本身一般不能使用，因为它是热塑性的线型分子，室温下呈黏稠透明状，必须加入固化剂才能使线型分子交联成网状结构分子，形成不溶、不熔的硬化体。固化剂的种类很多，其中胺类固化剂使用最广。

三、仪器和试剂

仪器：三口烧瓶（250mL），滴液漏斗（60mL），水浴锅，电动搅拌器，电炉，电加热套，分液漏斗（250mL），锥形瓶（250mL），球形冷凝管，直形冷凝管，接液管，量筒（100mL），温度计（0~200℃），移液管（2mL、20mL），碱式滴定管（50mL），烧杯（50mL、500mL），真空系统。

试剂：双酚A（工业级），环氧氯丙烷（密度1.118），30%氢氧化钠，甲苯，$0.15\text{mol} \cdot \text{L}^{-1}$氢氧化钠溶液，盐酸，丙酮，乙醇，酚酞。

四、实验步骤

1. 环氧树脂合成

称取11.4g（0.05mol）双酚A，量取环氧氯丙烷14mL（0.175mol），依次加入三口烧瓶中，在室温下搅拌20min，然后加热使温度缓缓上升至50℃，双酚A全部溶解均匀后，开始滴加14mL 30%的氢氧化钠溶液（注意滴加速度），在50~60℃下，2h内加完，然后保温20min。反应结束后，加入30mL甲苯，15mL水，在50~60℃下搅拌20min，以溶解树脂，趁热倒入分液漏斗，静置分层，除去水层。

将树脂溶液倒回三口烧瓶中，进行真空分馏，回收甲苯及未反应的环氧氯丙烷直至蒸馏到无馏出物为止，控制蒸馏的最终温度为125℃，最后得到淡黄色透明树脂，称重，计算树脂产量。

2. 环氧值的测定

环氧值是指每100g树脂中所含环氧基的摩尔数。它是环氧树脂质量的重要指标之一，也是计算固化剂用量的依据，相对分子质量越高，环氧值就相应降低，一般低分子的环氧值在0.48~0.57。本实验采用盐酸-丙酮法测定环氧值。反应式如下：

$$-CH_2-CH_2 + HCl \longrightarrow -CH-CH_2$$
$$OOHCl$$

$0.2\text{mol} \cdot \text{L}^{-1}$盐酸丙酮溶液配置：用移液管移取密度为1.19的浓盐酸1.6mL加入100mL的容量瓶中，以丙酮稀释至刻度，便配制完成。此溶液需现用现配，不需标定。

标定：称取0.5g树脂（精确至0.001）于250mL锥形瓶中，准确吸取20mL丙酮盐酸溶液，微微加热，使树脂充分溶解后，在水浴上回流20min，冷却后用$0.15\text{mol} \cdot \text{L}^{-1}$氢氧化钠溶液滴定，以酚酞作指示剂，并做空白试样。

计算：

环氧值：

$$E = \frac{(V_1 - V)C_{\text{NaOH}}}{m} \times \frac{100}{1\,000}$$

式中：V——空白试验用去氢氧化钠溶液毫升数；
V_1——滴定树脂用去氢氧化钠溶液毫升数；
C_{NaOH}——氢氧化钠溶液的摩尔浓度；
m——试样质量(g)。

树脂分子量：

$$M = \frac{200}{E}$$

3. 环氧树脂配制

配方：

组成	重量(g)
环氧树脂	20
邻苯二甲酸二丁酯	8
二乙烯三胺(或乙二胺)	1.6
氧化铝(200目以上)	10~20

五、注意事项

1. 苯酚、甲苯、浓盐酸等均为有毒有害有机物，所以操作时需在抽风条件下进行。

2. 在环氧值测试时，样品必须完全溶解后才能进行回流加热，否则有焦化现象，影响分析结果。

六、思考题

1. 环氧树脂合成原理是什么？用分子式表示之。
2. 环氧树脂使用时为什么需加固化剂？固化剂用量如何控制？
3. 什么叫环氧值？如何计算？

实验 19　水溶性酚醛树脂的合成

一、实验目的
1. 了解酚醛树脂合成的原理及制备过程。
2. 了解水溶性酚醛树脂的性能特点及合成工艺。

二、实验原理
水溶性酚醛树脂(water-soluble phenol formaldehyde resin)为棕色透明黏稠液体，其中游离酚含量较低(一般<2.5%)，碱度<3.5%，固含量45%±2%。由于树脂中游离酚对人体危害较大，所以水溶性酚醛树脂具有环保意义。同时用水溶性树脂可节约大量的有机溶剂，并且在涂胶操作中易于清洗。水溶性酚醛树脂主要用做胶合板的胶黏剂。

酚醛树脂是由苯酚(或甲酚、二甲酚、对二甲酚等)与甲醛在酸性或碱性催化剂存在下缩聚而成的。反应原料用量配比不同，催化剂不同，得到的产物亦不同，苯酚与甲醛以大于1∶1(摩尔比)的配比，在酸性催化剂存在下，可制得热塑性酚醛树脂。热塑性酚醛树脂为线性结构，相对分子质量通常在1 000以下，加热也不固化，使用时需加入固化剂，使之发生链的增长和交联。在碱性催化剂存在下，苯酚与甲醛之间的摩尔比小于1，可制得热固性酚醛树脂，此树脂一般能溶于乙醇和丙酮中。为了降低价格，减少污染，可配制成水溶性酚醛树脂。

本实验以甲醛和苯酚为原料，投料摩尔比1.5∶1，氢氧化钠为催化剂，反应初期生成羟甲基苯酚，然后羟甲基苯酚进一步缩合变成高度枝化的低聚物。根据反应的程度可分为 A、B、C 3个阶段。可溶于水及有机溶剂的产物称为 A 阶段，随着反应的进一步进行，产物的相对分子质量不断增大，生成 B 阶段产物，此产物不溶于水，但能熔融并能部分地溶于有机溶剂中。进一步缩合就变成了不溶不熔的 C 阶段产物。用于胶黏剂的热固性酚醛树脂均为 A 阶段产物。

$$\text{C}_6\text{H}_5\text{OH} + n\text{CH}_2\text{O} \longrightarrow \text{HO-C}_6\text{H}_4\text{-}[\text{CH}_2\text{-C}_6\text{H}_3(\text{OH})\text{-}]_n\text{CH}_2\text{-C}_6\text{H}_4\text{-OH} + (n-1)\text{H}_2\text{O}$$

三、仪器和试剂
仪器：三口烧瓶(250mL)，电动搅拌器，水浴锅，回流冷凝管，温度计(0~100℃)，滴液漏斗。

试剂：99%苯酚，37%甲醛，30%氢氧化钠溶液。

四、实验步骤

将50g苯酚及17g 30%氢氧化钠溶液加入三口烧瓶中，开启搅拌加热至40~50℃，保持25min，然后在30min内，于42~45℃下加入54g甲醛和19mL水，升温至85℃，保温30min。继续升温至95℃，保持30min，后降温至70℃以下。加入第二次甲醛，加完甲醛后升温至90℃，保持在此温度下反应，在约1h后开始测定黏度，当胶液在20℃下，在直径1cm、长10cm玻璃管内倒泡达4s左右时，将反应物降温至80℃，在此温度下继续反应，当黏度达到6~8s时结束反应。冷却胶液至40℃以下，倒入试剂瓶中作分析测定用。

五、注意事项

1. 在整个反应过程中必须严格控制反应的温度和时间，以免缩聚过度。
2. 黏度测定可用黏度计测试，黏度控制在40~120Pa·s（20℃）。

六、思考题

1. 热塑性酚醛树脂和热固性酚醛树脂合成工艺条件有何不同？产品各有什么特点？
2. 在反应过程中，如不很好地控制反应温度和时间，会导致什么样的结果？

实验 20 脲醛树脂的制备

一、实验目的
1. 了解脲醛树脂合成的原理和方法。
2. 学习掌握脲醛树脂的配制及性能测试。

二、实验原理
脲醛树脂(vrea-formaldehyde resin)为微黄色透明或半透明黏稠液体。脲醛树脂具有水溶性和黏结力，常作为胶黏剂使用，此外还可作为电器材料、机械材料等方面使用。

脲醛树脂是由甲醛和尿素在一定的条件下聚合而成的一种热固性树脂，其聚合过程是逐步进行的。首先，尿素和甲醛在微酸或微碱条件下反应生成羟甲基脲与二羟甲基脲的混合物，接着发生脱水等多种缩合反应，缩聚得到线型缩聚物。

当进一步加热或加入适量固化剂则线型结构之间的羟甲基与氨基会进一步聚合，形成不溶不熔的网状结构。由于实际反应复杂，仅简单表示如下：

$$CH(NH_2)_2 + HCHO \longrightarrow HOCH_2-\underset{\underset{H_2COH-N}{\overset{O=C}{|}}}{N}-CH_2-\underset{\underset{N-CH_2OH}{\overset{C=O}{|}}}{N}-CH_2OH$$
$$\underset{CH_2OH\ \ CH_2OH}{}$$

三、仪器和试剂
仪器：三口烧瓶(250mL)，回流冷凝管，水浴锅，电动搅拌器，温度计(0~100℃)，烧杯，量筒。

试剂：37%甲醛溶液，尿素，环六次甲基四胺，甲酸，氯化铵，氢氧化钠。

四、实验步骤
在250mL三口烧瓶上安装搅拌器、温度计和回流冷凝管。将30mL甲醛溶液投入三口烧瓶中，开动搅拌，用环六次甲基四胺调试甲醛溶液，令其pH=7~7.5。再缓缓加入约11.4g(约为全部用量的95%)尿素，控温20~25℃，尿素全部溶解后，加热升温至90℃(约需0.5h)，保温0.5h，反应液由透明逐渐变为混浊。然后拆除冷凝管，缓慢升温至95~98℃(约需10min)，再保温1h，反应液逐渐呈半透明，pH值逐渐下降，至pH=5，此时将剩余的1.2g尿素加入，继续沸水浴加热，在不断搅拌下使水蒸气逸出，反应液逐渐变得混浊，黏度增大。取样测定，直至反应完全，停止加热。降温至50℃以下，用氢氧化钠溶液调至pH=7~8时，倒入玻璃瓶中密封保存。

黏合实验：

取出自制的脲醛树脂3~5mL，加入适量固化剂，充分搅拌后，均匀地涂在一块小木板上，再用一块小木板与它黏在一起，将两块木板来回摩擦几下，再放好加压过夜，木板条即牢固地黏合到一起。

耐水纸用黏合剂配制：

取A烧杯加入7.5mL水，然后加0.1g次氯酸钙[$Ca(ClO)_2$]和1.5g自制的脲醛树脂，搅拌均匀。再用B烧杯盛入85mL水，然后加入1%淀粉磷酸酶1.5mL、氯化镁0.5g和马铃薯淀粉15g，搅拌下在70℃水浴中加热45min，然后将烧杯A中的脲醛树脂液倒入B烧杯中，再搅拌均匀即成。

用此黏合剂黏合两小张牛皮纸，干后浸于水中片刻，取出观察其耐水性。

五、注意事项

1. 脲醛树脂作为胶黏剂时，需加入适量的固化剂。常用的固化剂为氯化铵、硫酸铵、硝酸铵等，固化速度决定于固化剂的性质、用量及固化温度。用量过多，胶质变脆；用量过少，固化太慢。在室温下一般的固化剂用量为树脂量的0.5%~1.2%，加入固化剂后应搅拌均匀。

2. 需严格控制反应温度。温度太低不利于缩聚脱水，黏度上不去；温度太高，容易过分脱水而成体型结构的冻胶。若pH值没有自动下降，则说明缩聚缓慢，可滴入几滴甲酸促进反应。

3. 脱水可考虑采用真空，一般真空度90.7~98.7kPa，温度42~55℃，效果良好。

4. 为控制反应温度，尿素加入速度宜慢，若加入过快，由于溶解吸热会使温度下降至5~10℃，需要迅速使之温度回升到20~25℃，这样制得的树脂才会浑浊且黏度增高。

5. 混合物的pH值不应超过8~9，以防甲醛发生Cannizzaro反应。

六、思考题

1. 使用脲醛树脂为什么要加入固化剂？加固化剂要注意哪些问题？
2. 在缩聚阶段有时会黏度骤增，出现冻胶现象，为什么？
3. 缩聚脱水为什么要严格控制温度？为什么有时可滴入几滴甲酸？

实验 21　三聚氰胺甲醛树脂胶的制备

一、实验目的
1. 了解三聚氰胺甲醛树脂胶的制备原理及方法。
2. 进一步加深对缩合反应原理及过程的理解。

二、实验原理
三聚氰胺甲醛树脂胶为无色透明黏稠液体。具有良好的耐水性、耐热性、抗老化性，大量用于木材加工、胶合板制造等行业中。

三聚氰胺甲醛树脂胶以三聚氰胺和甲醛为原料，在弱碱性条件下首先缩合成能溶于水的羟甲基三聚氰胺，继续反应，树脂水溶性降低，但能溶于水－醇混合溶液。反应式如下：

$$n \text{(三聚氰胺)} + 3n\text{HCHO} \longrightarrow \text{[三聚氰胺甲醛树脂]}_n$$

三、仪器和试剂
仪器：三口烧瓶(250mL)，回流冷凝管，温度计(0～100℃)，电动搅拌器，水浴锅。

药品：100% 三聚氰胺，10% 氢氧化钠溶液，37% 甲醛。

四、实验步骤
将 55.4g 1.72mol 甲醛(37%)加入三口烧瓶中，加入 10% 氢氧化钠溶液调整 pH 至 8，搅拌下加入 25g 0.5mol 三聚氰胺，室温下搅拌 1h。加热升温，约 2℃/min，此时反应液变得透明，当温度达到 72℃时，保温，直至反应物转为较混浊。加入冷水约 5.5g，并立即冷却至 52℃以下，倒入试剂瓶中分析测定。

五、注意事项
1. 反应时升温不宜过快，温度不宜过高，否则会导致缩合过度。
2. 三聚氰胺甲醛树脂胶使用时应加热，一般还要加固化剂。
3. 为增加三聚氰胺甲醛树脂胶层的柔韧性，可加入苯二甲酸或聚乙烯醇。

六、思考题

1. 三聚氰胺甲醛树脂胶作为胶黏剂属于哪种类型？有什么特点？
2. 三聚氰胺甲醛树脂反应时为什么要在弱碱性下进行？pH 值控制在多少？

实验 22　聚醋酸乙烯乳液的制备

一、实验目的

1. 了解聚醋酸乙烯乳液的制备原理及方法。
2. 了解聚醋酸乙烯乳液的配方及其中各组分的作用、功能。

二、实验原理

聚醋酸乙烯(polyvinyl acetate，简称 PVAC)乳液为乳白色黏稠液体，均匀且无明显的粒子。聚醋酸乙烯乳液具有良好的黏接性能，较高的机械强度，黏度低，使用方便，以水为分散介质，成本低，无毒不燃，但耐水性差。

本品主要用于黏结纤维素质材料，如木材、纸制品，在家具制造、门窗组装、橱柜生产及建筑施工中普遍使用。

在水介质中，以聚乙烯醇(PVA)作保持胶体，加入阴离子或非离子型表面活性剂(或称乳化剂)，在一定的 pH 值下，采用游离基型引发系统，将醋酸乙烯进行乳液聚合。

反应式如下：

$$n\ CH_2=CH_2-OCCH_3 \xrightarrow{\text{乳液聚合}} \left[CH_2-CH \atop OCOCH_3 \right]_n$$

反应通常为本体聚合，溶液聚合和悬浮聚合都用过氧化苯甲酰和偶氮二异丁腈为引发剂，而乳化聚合则用水溶性的引发剂过硫酸盐和过氧化氢等。悬浮聚合和乳液聚合都是在水介质中聚合成醋酸乙烯的分散体，但两者之间有明显的区别。

悬浮聚合一般用来生产相对分子质量较高的聚醋酸乙烯，用少量聚乙烯醇为分散剂，用过氧化苯甲酰等能溶解于单体的引发剂，聚合反应是在分散的单体的液滴中进行的，一般制得的颗粒约为 0.2~1.0mm 的聚合物珠体，所以也称之谓珠状聚合。

乳液聚合一般公认的说法是聚合反应早期是在乳化剂的胶束中，而后期是在聚合体中进行，并不是在水相乳化的单体液滴中进行的。乳液聚合产物(乳胶粒子)通常是为 0.2~5μm 粒度的乳胶液。

三、仪器和试剂

仪器：三口烧瓶(250mL)，冷凝管，滴液漏斗(60mL)，温度计，量筒，烧杯，电动搅拌器，水浴锅。

试剂：醋酸乙烯酯，聚乙烯醇（1788），乳化剂 OP-10，邻苯二甲酸二丁酯，过硫酸钾，碳酸氢钠。

四、实验步骤

1. 聚醋酸乳液配方

表 4-1　聚醋酸乳液配方

原料名称	组分作用	用量/g
醋酸乙烯酯	反应单体	50
聚乙烯醇（1788）	稳定剂	2.7
OP-10	乳化剂	0.6
邻苯二甲酸二丁酯	增塑剂	5.5
过硫酸钾	引发剂	0.1
碳酸氢钠	pH 调节剂	0.15
蒸馏水	介质	50

2. 制备过程

将聚乙烯醇和蒸馏水加入到 250mL 三口烧瓶中，搅拌加热升温，当温度升至 80℃时，保温约 4h。OP-10 搅拌溶解。加入占总用量 15% 的醋酸乙烯酯，与占总用量 40% 的过硫酸钾溶液，搅拌乳化 30min 后，升温至 60~65℃，此时聚合反应开始，因为反应为放热反应，故物料温度自然升高，可达 80~83℃。在此期间进行热回流反应，当回流量减少时，开始滴加醋酸乙烯酯，在约 4h 内滴加结束；控制温度在 80~83℃，滴加过硫酸钾溶液约 5h 内滴完。在滴加的过程中，通过滴加速度来控制反应温度在 78~80℃，原料加完后，加入余下的过硫酸钾溶液。自然反应放热，加入 10% 的碳酸氢钠水溶液和邻苯二甲酸二丁酯，然后充分搅拌使其混合均匀，控制 pH=6。反应结束后，冷却得到成品。

五、注意事项

1. 单体滴入三口烧瓶中时，滴加速度不要太快，以连续滴液为宜。
2. 在逐步升温时，为了防止产生大量的泡沫，注意升温不要太快。
3. 醋酸乙烯单体必须是新精馏过的，因醛类和酸内有显著的阻聚作用，聚合物的相对分子质量不易增大，使聚合反应复杂化。
4. 乳液聚合中，常用水溶性引发剂除过硫酸钾外，还可使用过硫酸铵。

六、思考题

1. 聚醋酸乙烯乳液的合成原理是什么？工艺条件的变化对反应有什么影响？
2. 聚醋酸乙烯乳液的配方中有哪些组分？这些组分各起什么作用？
3. 为什么聚醋酸乙烯聚合的单体必须是新精馏过的？

第 5 章 涂 料

实验 23 醇酸树脂的合成和清漆配制

一、实验目的
1. 了解缩聚反应的原理和制备方法。
2. 掌握醇酸清漆配制工艺及配方中各组分的作用。

二、实验原理
醇酸树脂清漆(alkyd resin varnish)为淡黄色透明油状液体,溶于甲苯、二甲苯、松节油等有机溶剂,醇酸树脂清漆比油基漆干得快,漆膜光亮坚硬,耐候性、耐油性都很好,但耐水性较差。

醇酸树脂自 1927 年出现以来发展极快,在涂料用合成树脂中,醇酸树脂的产量最大,品种最多,用途最广,约占世界涂料用合成树脂总产量的 15% 左右,现广泛用于家具漆、木器漆及色漆罩光,也可以作一般性电绝缘漆。

1. 醇酸树脂合成原理

醇酸树脂是指以多元醇、邻苯二甲酸酐和脂肪酸为原料,通过酯化作用缩聚得到。邻苯二甲酸和甘油以等摩尔反应时,会发生凝胶现象,形成网状交联结构,若加入植物油会使甘油先变成甘油-酸酯,然后再与苯酐反应成为线形缩聚物,而不出现凝胶化。

油不能直接用于醇酸树脂制造,必须经过醇解,使之成为不完全酯,能溶解邻苯二甲酸酐与植物油混合物,形成均相反应。所以,合成醇酸树脂经历如下反应过程:

植物油与醇在碱性催化剂下共热,过多的羟基存在导致羧基的重新分配生成甘油-醇酯。

$$\begin{array}{c} CH_2OOCR \\ | \\ CHOOCR_1 \\ | \\ CH_2OOCR_2 \end{array} + 2 \begin{array}{c} CH_2OH \\ | \\ CHOH \\ | \\ CH_2OH \end{array} \rightleftharpoons \begin{array}{c} CH_2OH \\ | \\ CHOH \\ | \\ CH_2OOCR \end{array} + \begin{array}{c} CH_2OH \\ | \\ CHOOCR_1 \\ | \\ CH_2OH \end{array} + \begin{array}{c} CH_2OH \\ | \\ CHOH \\ | \\ CH_2OOCR_2 \end{array}$$

甘油-醇酯再与苯酐进行缩聚反应,同时脱去水,最后生成醇酸树脂。

2. 醇酸清漆的配制原理

醇酸清漆是由亚麻油醇酸树脂溶于适当的溶剂,加入催干剂,经过滤净化制成。

植物油中含有许多不饱和双键,当涂成薄膜后与空气中的氧发生作用,逐步转化成固态的漆膜。由于此反应在空气中进行得相当缓慢,所以需加某些金属,如钴、锌、钙等物质作为催干剂。

三、仪器和试剂

仪器:三口烧瓶(250mL),冷凝管,滴液漏斗,分水器,温度计,搅拌器,电加热套,烧杯,电热干燥箱。

试剂:亚麻油,甘油,苯酐,二甲苯,氢氧化锂,溶剂汽油,乙醇–甲苯,氢氧化钾,亚麻油醇酸树脂,环烷酸钴,环烷酸锌,汽油。

四、实验步骤

1. 醇酸树脂合成

(1)亚麻油醇解

将48g亚麻油和15g甘油加入到三口烧瓶中,搅拌加热,通入CO_2。在30~40min内升温至120℃,停止搅拌加入0.1g氢氧化锂,再开动搅拌。继续升温,在约90min内升温至220℃±2℃,保温醇解,取样测定无水甲醇容忍度为5(25℃)时即为醇解终点,此时反应物呈透明状,反应结束后降温至200℃备用。

(2)酯化

在三口烧瓶上装上分水器,分水器中装满二甲苯。将31g苯酐滴入三口烧瓶中,温度保持在180~200℃,约在20min内加完。停止通CO_2,立即加入投料总量45%的二甲苯(41g),同时升温,在90min内升温至220℃±2℃,保温90min,再以90min升温到230℃±2℃,保温约90min后,开始取样测酸值、黏度。

当酸值小于20立即停止加热,冷却至150℃,加入65g 200号油漆溶剂油、16g二甲苯制成树脂溶液。

(3)终点控制及成品测定

醇解终点测定:取0.5mL醇解物加5mL 95%乙醇,剧烈振荡后放入25℃

水浴中，若透明说明终点已到，混浊则继续醇解。

测定酸值：取样 2~3g（精确至 0.1mg），溶于 30mL 甲苯-乙醇的混合液中（甲苯：乙醇=2∶1），加入 4 滴酚酞指示剂，用氢氧化钾-乙醇标准溶液滴定。然后用下式计算酸值：

$$酸值 = \frac{C_{KOH} \times 56.1}{m_{样品} \times V_{KOH}}$$

式中：C_{KOH}——氢氧化钾的浓度（$mol \cdot L^{-1}$）；

$m_{样品}$——样品的质量（g）；

V_{KOH}——氢氧化钾溶液的体积（mL）。

测定固含量：取样 3~4g，烘至恒重（120℃约 2h），计算百分含量。

$$固含量 = \frac{m_{固体}}{m_{溶液}} \times 100\%$$

测定黏度：用溶剂汽油调整固含量至 50% 后测定。

2. 醇酸清漆的调配

表 5-1 醇酸清漆配方

原料名称	组分作用	用量	百分比/%
醇酸树脂	反应单体	84	85.54
环烷酸钴（4%）	催干	0.45	0.46
环烷酸锌（3%）	催干	0.35	0.36
环烷酸钙（2%）	催干	2.4	2.44
防结皮剂（50%）	防结皮	0.20	0.20
二甲苯	溶剂	10.8	11.00

将以上物质加入 500mL 烧杯内，搅拌调匀。

质量指标见表 5-2。

表 5-2 化工行业标准（HG 2453—1993）

项目		指标（室内）		
		优等品	一等品	合格品
色泽（铁钴法）		8	10	12
外观		透明无机械杂质	透明无机械杂质	透明无机械杂质
不挥发物/%	≥	40	40	40
流出时间/s	≥	25	25	25
干燥时间/h	≤			
表干		5	5	5
实干		10	12	15
回黏性/级	≤	2	3	3
耐水性/h		18	12	6

五、注意事项

1. 反应升温速度要缓慢，防止反应过速及冲料。
2. 二甲苯和甲苯有毒、易燃，所以加料要在通风环境中进行，并杜绝明火。
3. 醇酸树脂合成除可采用溶剂法脱水酯化外，也可以采用熔融方法。
4. 植物油除可采用亚麻油外还可采用椰子油、蓖麻油、棉籽油等。
5. 调配清漆时必须仔细搅匀，但搅拌不能太剧烈，防止混入大量空气。

六、思考题

1. 醇酸树脂合成原理是什么？合成过程分几步进行？
2. 酯化反应为什么需加二甲苯？甲苯可否？
3. 为什么用酸值来决定反应的终点？酸值与树脂的相对分子质量有何关系？
4. 清漆调配需加哪些物质？多组分在配方中各起什么作用？

实验 24　双组分聚氨酯涂料的制备

一、实验目的
1. 了解双组分聚氨酯涂料的制备原理及方法。
2. 掌握涂料中各组分的性质和用途。

二、实验原理
聚氨酯是一类分子结构中含有氨基甲酸酯键的高分子聚合物。习惯上将分子结构中除氨酯键外，还含有许多酯键、醚键、脲基甲酸酯键、三聚异氰酸酯键等高聚物，统称为聚氨酯。

聚氨酯分子中具有强极性氨基甲酸酯基团，所以具有高强度、耐磨、耐溶剂等特点。聚氨酯涂料形成的漆膜附着力强，耐磨性、耐高低温性能均较好，具有良好的装饰性。所以被广泛用于木器、化工、防腐、车辆、飞机、电气绝缘等领域。

双组分聚氨酯漆分为甲、乙两组分，分别贮存。甲组分含异氰酸酯基，乙组分一般含羟基。使用前将甲乙两组分混合涂布，使异氰酸酯基与羟基反应，形成聚氨酯高聚物。

直接采用挥发性的二异氰酸酯配制涂料，则异氰酸酯挥发到空气中，危害人们身体健康，而且官能团只有两个，相对分子质量又小，不能迅速固化，所以必须使二异氰酸酯与其他多元醇结合形成低挥发性的低聚物。

本实验是以甲苯二异氰酸酯(TDI)与三羟甲基丙烷(TMP)反应形成加成物，此加成物为甲组分。反应式如下：

$$\underset{\substack{|\\CH_2OH}}{CH_3CH_2-\overset{CH_2OH}{\underset{CH_2OH}{C}}} + 3\; \underset{\substack{|\\NCO}}{\overset{CH_3}{\underset{}{\bigcirc}}}\text{-NCO} \longrightarrow CH_3CH_2-C\begin{pmatrix} CH_2O\overset{O}{\overset{\|}{C}}-NH-\bigcirc\overset{NCO}{\underset{CH_3}{}} \\ CH_2O\overset{O}{\overset{\|}{C}}-NH-\bigcirc\overset{NCO}{\underset{CH_3}{}} \\ CH_2O\overset{O}{\overset{\|}{C}}-NH-\bigcirc\overset{NCO}{\underset{CH_3}{}} \end{pmatrix}$$

作为乙组分的多羟基树脂一般有聚酯、丙烯酸树脂聚醚等。聚酯是与多异氰酸酯配制涂料最早使用的树脂。本实验是由己二酸与一缩乙二醇酯化制备含羟基聚酯。

三、仪器和试剂

仪器：三口烧瓶（250mL），冷凝管，滴液漏斗，电加热套，温度计（0~200℃），搅拌器，真空系统。

试剂：甲苯二异氰酸酯，环己酮，醋酸丁酯，二甲苯（$CaCl_2$ 处理品），三羟基丙烷，苯，己二酸，环己酮，一缩乙二醇，三羟基甲基丙烷。

四、实验步骤

1. TDI 加成物制备

将 9.6g 三羟甲基丙烷、5.5g 环己酮和 3.3g 苯加入到三口烧瓶中，搅拌加热。当升温至 80℃ 时停止搅拌，继续升温至 140℃，蒸出苯水混合物，补加损失的环己酮，得到三羟基甲基丙酮环己酮溶液，降温备用。

将 40.8g 甲苯、二异氰酸酯和 20.7g 二甲苯投入三口烧瓶中，再加入 21.2g 醋酸丁酯，搅拌升温，在温度升至 40℃ 时，徐徐加入三羟甲基丙烷环己酮溶液，控制反应温度，使温度控制在 40~50℃，最后全部加完后，加入 2.3g 醋酸丁酯升温至 75℃±2℃，保温 2h 后取样测定异氰酸酯基 NCO 含量和含固物量。当 NCO 含量为 8%~9.5%，不挥发组分为 50%±2% 时反应结束，经过滤，得黄色透明液体即甲组分。

2. 聚酯制备

将 23.6g 己二酸、23.6g 一缩乙二醇、10.8g 三羟基甲基丙烷、8g 二甲苯和 15g 环己酮加入到三口烧瓶中，搅拌加热，缓缓升温。待温度达到 150℃ 时，有大量气体蒸出，经回流冷凝，除去水分，有机层回流入烧瓶中。温度达到 210℃ 时，水分基本除尽（约 4~5h），当测得酸值 5% 以下，羟值含量 4%~5% 时为反应终点。然后降温至 130℃，加入 13g 二甲苯、6g 环己酮经过滤得乙组分。

五、注意事项

1. 在 TDI 加成物合成后，因含有游离的甲苯二异氰酸酯，使用时对人体有害，为此可采用蒸发除去。

2. 在甲、乙组分合成时，其投料的各组分除脱水剂和产生的水外，均需保持原有量不减少，如环己酮有损失需重新补加。

六、思考题

1. 双组分聚氨酯有何特点和用途？甲、乙各组分制备的原理是什么？如何制备？
2. 制备聚氨酯所需的原料各有什么性质？在反应中各起什么作用？
3. 什么叫聚氨酯？它们是如何分类的？

实验 25 聚乙烯醇缩甲醛树脂制备及 107 涂料的配制

一、实验目的
1. 了解聚乙烯醇缩甲醛的合成原理及方法。
2. 掌握聚乙烯醇缩甲醛用于涂料的配制方法。

二、实验原理
聚乙烯醇缩甲醛是聚乙烯醇衍生物中最重要的工业产品。由于它具有各种优良的性能，如硬度好、耐寒、黏接性强、透明度好等优点，因此广泛应用于涂料、合成纤维、黏合剂等的生产中。

107#外墙涂料是一种水溶性涂料，具有色泽鲜艳、物美价廉、施工方便、制作简单、原料易得等特点，广泛用于建筑物的涂饰。

聚乙烯醇水溶液在盐酸催化作用下与甲醛缩合生成聚乙烯醇。反应式如下：

$$-CH_2-CH-CH_2-CH- + CH_2O \xrightarrow{HCl} \left(CH_2-CH-CH_2-CH\right)_n$$
$$\quad\quad\quad |\quad\quad\quad\quad |\quad\quad\quad\quad\quad\quad\quad\quad\quad\quad |\quad\quad\quad\quad\quad |$$
$$\quad\quad\;\, OH\quad\quad\;\, OH\quad\quad\quad\quad\quad\quad\quad\quad\quad O-CH_2-O$$

一个甲醛分子可与两个聚乙烯醇分子结构中的羟基发生缩聚反应，据此可以大致估算出聚乙烯醇的聚合度与投加的甲醛量间的关系，以及游离的甲醛量。

三、仪器和试剂
仪器：三口烧瓶(250mL)，冷凝管，滴液漏斗，温度计，恒温水浴槽，电动搅拌器。

试剂：聚乙烯醇(1799 号)，37% 甲醛，31% 盐酸，30% 氢氧化钠，钛白粉，滑石粉，轻质碳酸钙，10% 偏磷酸钠，磷酸三丁酯。

四、实验步骤
1. 聚乙烯醇酯的合成

将约 90g 水加入到三口烧瓶中，搅拌升温。缓缓加入聚乙烯醇，升温至 90~95℃，直到聚乙烯醇全部溶解。降温至 75℃±2℃，滴加盐酸调节 pH 值为 2。然后滴加甲醛，升温至 75~80℃，保持 1h，继续升温至 85~92℃，保温 40min。降温至 60~70℃，用烧碱调节 pH 值至 4~6。急速降温至 50℃，调节 pH 值至 7~8，可继续搅拌 3h 后，冷却备用。

2. 107 涂料的配制

配方：

组　　成	质量/g
107 基料	50
钛白粉	3
滑石粉	3
轻质碳酸钙	15
偏磷酸钠(10)	1
磷酸三丁酯	0.1

制备：

在高速搅拌下，将助剂与粉料加入 107 胶中分散混合 15min，即得产品。

使用实例：

(1) 刷石灰浆

掺入石灰膏量 10% 的 107 胶

(2) 配制内墙涂料

钛白粉:1% 羧甲基纤维素水溶液:水:色浆 = 20:100:20:适量

(3) 外墙涂料

107 胶:白水泥:砂:六偏磷酸钠:颜料 = 10:100:100:0.1:适量

五、注意事项

1. 聚乙烯醇和醛的聚合可以在非均相下完成也可在均相下完成。
2. 聚乙烯醇和醛的聚合必须严格控制反应温度及物料的 pH 值。
3. 合成胶液时，聚乙烯醇必须全部溶解后，再加其他原料。

六、思考题

1. 聚乙烯醇缩甲醛的合成原理是什么？
2. 聚乙烯醇缩醛主要有哪些品种？
3. 107 涂料主要由哪些组分构成？各起什么作用？

实验26　苯丙树脂涂料的制备

一、实验目的
1. 了解苯丙树脂涂料的合成原理及方法。
2. 了解丙烯酸树脂涂料的特性及用途。

二、实验原理
丙烯酸树脂涂料为黏稠状液体。它具有特别优良的耐光性及耐户外老化性能，另外还具有优良的色泽、耐热、耐腐蚀等性能，所以广泛用于汽车装饰、家用电器、机械、家具、电子、皮革等生产领域。

苯丙树脂涂料是由丙烯酸酯、甲基丙烯酸酯和苯乙烯共聚而制成的涂料。

苯丙树脂的合成原理是基于自由基聚合反应历程。自由基聚合反应历程经历三个阶段：

第一阶段：链引发阶段。
引发剂分解产生自由基

$$(RCOO)_2 \rightarrow 2RCOO\cdot \rightarrow 2R\cdot + 2CO\uparrow$$

$CH_2=CHX$ 的乙烯类单体 π 键断裂与自由基加成生产一个新的活泼的单体自由基，从而使聚合连锁反应开始。

$$R\cdot + CH_2=CHX \rightarrow RCH_2-CHX\cdot$$

第二阶段：链增长阶段。
链引发阶段产生的新单体自由基仍继续与另一个单体加聚，生成一个有较长链的自由剂。

$$RCH_2-CHX\cdot + CH_2=CHX \rightarrow RCH_2-CHX-CH_2-CHX\cdot$$

继续下去，使聚合物的链进一步增长。

$$R(CH_2-CHX)_n\cdot + CH_2=CHX \rightarrow R(CH_2-CHX)_{n+1}\cdot$$

第三阶段：链终止阶段。
增长着的自由基都是很活泼的，它们不仅能和单体继续反应及增长，也可能二者结合，或与其他化合物反应得一个电子而将自己的自由基转移过去，这一切反应都导致链自由基的消失，链不再增长。

$$R(CH_2-CHX)_n\cdot + R(CH_2-CHX)_m\cdot \rightarrow R(CH_2-CHX)_{n+m}R$$

三、仪器和试剂
仪器：三口烧瓶(250mL)，冷凝管，温度计，接受瓶，搅拌器，恒温水浴槽，真空系统。

试剂：丙烯酸丁酯，苯乙烯，甲基丙烯酸甲酯，过氧化二苯甲酰，二甲苯。

四、实验步骤

苯丙树脂涂料配方：

组成	质量/g
甲基丙烯酸甲酯	20
苯乙烯	20
丙烯酸丁酯	20
引发剂（过氧化二苯甲酰）	0.5
溶剂（二甲苯）	50

操作过程：

将溶剂加入到三口烧瓶中，搅拌加热，同时将2/3的引发剂混于混合单体备用。当温度升至80℃时，缓缓滴加混合液，2～3h滴加完毕，然后在110～120℃保温回流3～4h。将余下的引发剂用少量溶剂溶解后，加入反应釜中，继续保温1～2h。测定黏度达到要求时，降温，出料。

五、注意事项

1. 丙烯酸树脂制备时需严格控制反应温度和时间。
2. 加入单体时要缓慢滴加，以防反应过激。

六、思考题

1. 苯丙树脂涂料的合成原理是什么？引发剂起什么作用？
2. 丙烯酸系列树脂涂料有哪些特点？主要用途是什么？

实验 27　纯丙乳液的制备及涂料的配制

一、实验目的
1. 了解纯丙乳液的制备原理及方法。
2. 了解纯丙乳液的性质及用途。
3. 掌握纯丙乳液涂料的配制方法。

二、实验原理
纯丙乳液又称丙烯酸乳液(acrylate latex paint)为黏稠液体,具有良好的耐久性、耐候性、抗老化性、良好的硬度、强度和可延伸性,所以在建筑用涂料方面被广泛使用。

纯丙乳液是由丙烯酸反应单体(如甲基丙烯酸甲酯、丙烯酸乙酯、丙烯酸丁酯等)聚合而成。选择聚合单体时,通常选用硬单体(如甲基丙烯酸甲酯、苯乙烯等),根据需要,以适当配比聚合而成。用途不同配比有所不同(见下表)。

丙烯酸单体	外墙涂料	密封胶
硬单体	45~75	6~21
软单体	15~25	78~88
活性单体	5~20	1~6

调节三者的适当比例,可获得所需要的硬度、强度、延伸性、耐光性,耐沾污性能的共聚物。

表面活性剂一般选择阴离子或非离子型乳化剂。主要作用是为了使聚合时产生的大量热能很好地扩散,使反应能均匀进行。引发剂通常采用过硫酸盐,一般比例为 0.5%~1%。

在丙烯酸乳液中,加入少量的丙烯酸或甲基丙烯酸,对乳液稳定性有帮助。此外,在乳胶涂料制备过程中加入氨或碱液也能起增稠的作用。

三、仪器和试剂
仪器:三口烧瓶(250mL),冷凝管,滴液漏斗(100mL),温度计(0~100℃),恒温水槽,电动搅拌器,烧杯(500mL)。

试剂:甲基丙烯酸甲酯,丙烯酸乙酯,甲基丙烯酸,n-丁硫醇。

四、实验步骤

1. 丙烯酸乳液制备

(1) 配方

组　成	质量/g
甲基丙烯酸甲酯	32.6
丙烯酸乙酯	14.3
甲基丙烯酸	2.5
n - 丁硫醇	0.183
十二烷基硫酸钠	0.294(0.024、3%溶液8.31)
过硫酸铵	0.15(4%2.6、6.4%0.76)
水	40

(2) 制备过程

将水及十二烷基硫酸钠加入三口烧瓶中，搅拌加热至84℃，然后投加4%的过硫酸铵溶液缓缓滴加甲基丙烯酸甲酯、丙烯酸乙酯、甲基丙烯酸、n-丁硫醇等单体混合液及3%的十二烷基硫酸钠溶液，控制温度在90℃左右。滴加结束后，再加6.4%的过硫酸铵溶液，在80~84℃保温30min，冷却，出料，得到固含量为50%的乳液。

2. 纯丙烯酸外墙涂料

组　成	质量/g
纯丙乳液(固含量50%)	40
钛白粉	20
轻质碳酸钙	5
滑石粉	8
乙二醇	3
甲基纤维素(增稠剂)	0.2
磷酸三丁酯(消泡剂)	0.2
二异丁烯 - 顺丁烯二酸酐共聚物(分散剂)	0.7
烷基苯基聚环氧乙烷	0.2
水	补足到100

将以上配方加入烧杯中，经高速搅拌均匀后，即得纯丙烯酸外墙涂料。

五、注意事项

1. 滴加单体需严格控制滴加速度及反应温度。
2. 丙烯酸乳液除可调配成外墙涂料外，还可调配乳胶防水涂料、耐磨地面涂料等。

六、思考题

1. 纯丙乳液的合成原理是什么？如何制备？
2. 纯丙乳液有何特性及用途？
3. 纯丙乳液制备主要有哪些组分？各起什么作用？

实验 28　涂料黏度测定

一、实验目的
掌握采用涂-1、涂-4、落球黏度计测定涂料黏度的方法和测试条件。

二、实验原理
涂-1、涂-4 测定条件黏度是：一定量的试样，在一定的温度下从规定直径的孔所流出的时间；落球黏度计测定的条件黏度是：在一定的温度下，一定规格的钢球通过盛有试样的玻璃管上、下两刻度线所需的时间。

三、仪器
水银温度计，秒表，永久磁铁，水平仪，承受瓶，量杯，搪瓷杯，涂-1 黏度计，涂-2 黏度计，落球黏度计。

涂-1 黏度计：用于测定黏度不低于 20s（以本黏度计为标准）的涂料产品，以及按产品标准规定必须加温进行测定的黏度较大的涂料产品。此仪器是上部为圆柱形，下部为圆锥形的金属容器，内壁的光洁度▽8，内壁上有一刻线，圆锥底部有漏嘴，容器的盖上有两个孔，一孔为插塞棒用，另一孔为插温度计用，容器固定在一个圆形水浴内，黏度计装置于带有两个调节水平螺钉的架上。基本尺寸：圆柱体内径为 $51^{+0.1}$ mm，圆锥体由底至刻线高 $46^{+0.2}$ mm，锥体内部的角度为 $101°±30′$，漏嘴高 14mm±0.02mm，漏嘴内径 $5.6^{+0.2}$ mm。

涂-4 黏度计：用于测定黏度在 150s 以下（以本黏度计为标准）的涂料产品。此仪器上部为圆柱形，下部为圆锥形，在锥形底部有可以更换的漏嘴，在容器上部有凹槽，作为多余试样溢出用。黏度计装置于带有两个调节水平螺钉的架上，涂-4 黏度计有塑料制与金属制两种，其内壁光洁度为▽8，但以金属黏度计为准。基本尺寸：黏度计容量为 100^{+1} mL，漏嘴是用不锈钢制成的，其孔高 4mm±0.02mm，孔内径 $4^{+0.02}$ mm，锥体内部的角度为 $81°±15′$，总高度为 72.5mm，圆柱体内径 $49.5^{+0.2}$ mm。

落球黏度计：用于测定黏度较高的透明液体的涂料产品。此仪器由玻璃管和钢球组成。玻璃管长 350mm，内径为 25mm±0.25mm，距两端管口边缘 50mm 处各有一刻度线，两线间距为 250mm，在管口上、下端有软木塞子，上端之软木塞中间有一铁钉，管垂直固定在架上（以铅锤测定）。钢球直径为 8mm±0.03mm，质量 2.09g。

四、实验步骤

涂-1 黏度计法：

每次测定之前用纱布蘸溶剂将黏度计内部擦拭干净，在空气中干燥或用冷风吹干，对光观察黏度计漏嘴应清洁，然后将黏度计置于水浴套内，插入塞棒，将试样搅拌均匀，有结皮和颗粒时用不少于 567 孔/cm² 金属筛过滤，调整温度至 25℃±1℃，然后将试样倒入黏度计内，调节水平螺钉使液面与刻线刚好重合，为使试样中气泡逸出，应静置片刻，盖上盖子并插入温度计，试样保持在 25℃±1℃。在黏度计漏嘴下面放置一个 50 mL 量杯，当试样温度符合要求后迅速将塞棒提起，试样从漏嘴流出并滴入杯底时，立即开动秒表，当杯内试样达到 50 mL 刻度线时，立即停止秒表，试样流入杯内 50 mL 所需时间(s)，即为试样的条件黏度。两次测定值之差不应大于平均值的 3%。

涂-4 黏度计法：

黏度计的清洁处理及试样的准备同本标准甲法所述，调整水平螺钉，使黏度计处于水平位置，在黏度计漏嘴下面放置 150mL 的搪瓷杯，用手堵住漏嘴孔，将试样倒满黏度计中，用玻璃棒将气泡和多余的试样刮入凹槽，然后松开手指，使试样流出，同时立即开动秒表，当试样流丝中断时停止秒表，试样从黏度计流出的全部时间(s)，即为试样的条件黏度。两次测定值之差不应大于平均值的 3%，测定时试样温度为 25℃±1℃。

落球黏度计法：

将透明的试样倒入管中，使试样高于刻度线 4cm，钢球也一同放入，塞上带铁钉的软木塞，用永久磁铁放置在带铁钉的软木塞上，将管子颠倒使铁钉吸住钢球，再翻转过来，固定在架上，并用铅锤调节使其垂直，然后将永久磁铁拿走，使钢球自由落下，当钢球通过上刻度线时立即开动秒表，至钢球落到下刻度线时停止秒表，记下钢球通过两刻度线的时间(s)，即为试样的条件黏度。两次测定值之差不应大于平均值的 3%，测定时试样温度为 25℃±1℃。

涂-1、涂-4 黏度计的校正：

将被校正黏度计测得之黏度 t_1 乘以修正系数 k 即为该黏度计测得之条件黏度 t，如下式所示：

$$t = k \cdot t_1$$

k 值的求得有两种方法：

①标准黏度计法：首先配制 5 种以上不同黏度的航空润滑油和航空润滑油与变压器油的混合油，在 25℃±0.2℃ 时分别测其在标准黏度计及被校正黏度计中流出的时间，求出两黏度计一系列的时间比值 k_1、k_2、k_3…，其算术平均值即为修正系数 k_0。

②运动黏度法：当缺少标准黏度计时，则 t 值按下列公式计算：

涂-1 黏度计：$t = 0.053v + 1.0$

涂-4 黏度计：$t = 0.223v + 6.0$

v 为在 25℃±0.1℃下按 GB265—1975《运动黏度测定法》测定的航空润滑油和航空润滑油与变压器油的混合油的运动黏度(厘斯)。由此求得的一系列 t 与被校正黏度计测得的一系列 t_1 之比值的算术平均值即为 k 值。

如修正系数在 0.95~1.05 范围外,则黏度计应更换。黏度计应定期校正。

涂-4 黏度计的校正:用蒸馏水在 25℃±1℃条件下,按乙法涂-4 黏度计的测定方法测定为 11.5s±0.5s,如不在此范围内,则黏度计应更换。

五、注意事项

1. 校正黏度计时用 20 号航空润滑油(GB440—77)和 10 号变压器油(SY1351—76);
2. 如测定黏度小于 23 的涂料产品按公式换算:
$$t = 0.154v + 11$$

六、思考题

1. 本实验中两种黏度计各适用于什么类型的涂料产品?
2. 黏度计测定的原理是什么?测定黏度有何意义?

第6章 食用添加剂

实验29 辣椒红色素提取

一、实验目的
1. 了解辣椒红色素提取原理及方法。
2. 掌握利用索氏抽提器提取天然产物的原理及操作技术。

二、实验原理
辣椒红素（paprika extract）又称辣椒红（capsanthin），它是从红辣椒中提取的一种天然食用色素。辣椒红色素的主要成分为辣椒红素和辣椒玉红素。其结构为：

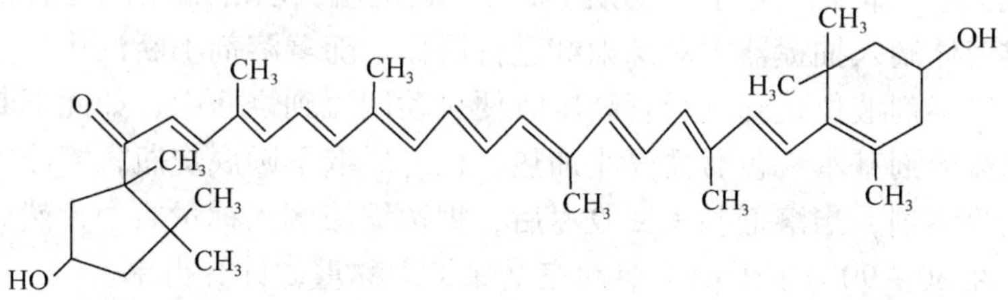

辣椒红素

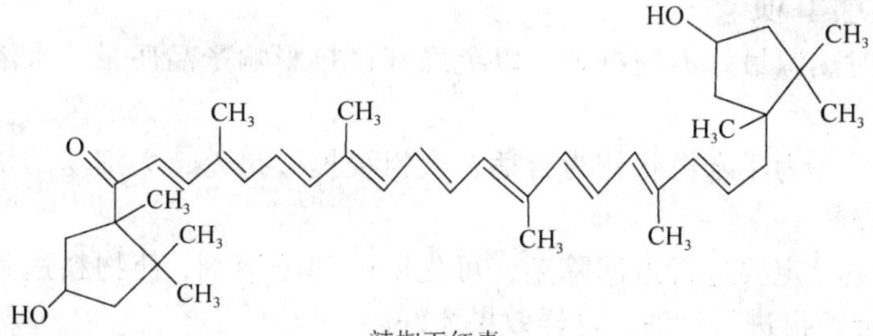

辣椒玉红素

辣椒红素和辣椒玉红素的颜色是由长的共轭双键体系所产生，它对光的吸收使其产生深红色。

辣椒红是暗红色油状液体，溶于植物油脂、丙酮、乙醇等有机溶剂，不溶于水。它耐热、耐酸、耐碱性较好，但耐光性较差。辣椒红为色价高、颜色鲜艳的纯天然品，大量用于调味品、糕点、饮料等的作色。

辣椒原料中的红色素易溶于有机溶剂，而不溶于水，为了增加溶剂的渗透性，选择乙醇为浸提溶剂。首先溶剂渗透进入细胞壁对原生质中的红色素进行选择性溶解，溶入溶剂中的色素成分连同溶剂再扩散出细胞外，从而实现其浸提。

在浸提时，增大溶剂的浓度，增大溶剂与原料的接触面积，提高浸提温度可提高浸提效率。考虑以上因素，可采取索氏抽提器，通过加热回流、虹吸使溶剂不断更新，保持其最大浓度差，另外辣椒原料进行充分粉碎增加原料与溶剂的接触面积。通过不断的汽化冷凝、回流、虹吸使圆底烧瓶中辣椒红不断增加，从而达到提取的目的。

三、仪器和试剂

仪器：索氏抽提器，量筒(100mL)，烧杯(250mL)，恒温水槽。

试剂：乙醇，辣椒原料。

四、实验步骤

称取10g已粉碎好的辣椒红原料（原料高度应低于虹吸管高度），在加入提取瓶前先用丝网垫在底部，然后再加入原料以防堵塞回流器。在圆底烧瓶中加入2~3粒沸石，装配好索氏抽提装置。慢慢加入95%乙醇溶剂于提取瓶中，至溶剂刻度超出虹吸管，使溶剂通过虹吸管流入圆底烧瓶中；再加入乙醇至虹吸管2/3处，打开冷却水，同时用热水浴加热圆底烧瓶，乙醇加热汽化后被顶部冷凝管冷凝成液体滴入抽提器中对辣椒红进行浸提。随着溶剂不断汽化，冷凝进入提取瓶中，当溶剂液位达到虹吸管高度时便自动回流到烧瓶中，如此不断循环，当观察到回流溶剂基本无色时便停止加热，稍冷后取下圆底烧瓶，溶液经过滤后进行浓缩回收溶剂，当溶剂基本回收尽后，把浓缩液倒入称量瓶中，然后放入真空干燥箱，在80~90℃下干燥至溶剂完全除尽。称重，计算得率。

五、注意事项

1. 浸提时热源最好不用电炉，以免局部过热影响产品质量，水浴是较理想的加热源。
2. 原料粉碎为小米粒状较为合适，太粗浸提效果差，太细易结块并且易随虹吸管进入烧瓶中。
3. 浸提液一定要进行过滤除杂，可先回收部分溶剂，使物料达到一定浓度后或沉淀一天，再进行过滤，这样效果才好。

六、思考题

1. 本实验提取辣椒红素的原理是什么？索氏抽提有什么特点？
2. 根据辣椒红素所含成分的特点可采用哪些溶剂进行抽提？各有什么特点？

实验 30 二氧化碳超临界精制辣椒红色素

一、实验目的
1. 了解二氧化碳超临界提取技术的原理、技术特点和应用范围。
2. 掌握超临界精制辣椒红色素的工艺过程和操作方法。

二、实验原理
二氧化碳超临界萃取技术是 20 世纪 80 年代发展起来的一种分离纯化新技术，它具有无毒、无残留溶剂、处理温度低、选择性强、不易燃、安全、节能、溶剂可循环使用等特点，所以在天然资源的提取精制上广泛应用，其产品由于是无毒无害的绿色产品而特别适合在食品、医药、香料上使用。用传统工艺——溶剂法生产的辣椒红色素，其产品纯度差、色价低、有异味及溶剂残留高，所以无法满足国际市场对高品质辣椒红色素的需求，只能以半成品方式廉价出口，采用超临界技术可以解决以上问题。

二氧化碳常压下为气体，但随着压力的增大，超过其临界状态，二氧化碳气体就会液化，而液化的二氧化碳就可以作为溶剂对物质进行选择性浸提。当压力下降后，液态二氧化碳又转变成气态，从而实现了溶剂与抽提物的分离。分离后的气态二氧化碳经冷凝，压缩循环使用。

常规溶剂提取的辣椒红色素除主要成分辣椒红素和辣椒玉红素外，还含有黄色素、辣素树脂、果胶及残留溶剂等物质。液态二氧化碳作为溶剂，其溶剂能力主要取决于密度，也就是说在恒定温度下，升高压力，流体密度增大，溶剂能力增强，所以可以通过改变压力来实现辣椒红粗品的精制，首先去除残留溶剂，再萃取出黄色素、辣素，留下来的就是高色价的辣椒红色素。如继续升高压力，红色素也被萃取出来，分段接受可得高品质辣椒红色素。

三、仪器和试剂
仪器：二氧化碳超临界萃取装置，二氧化碳钢瓶。
试剂：辣椒红粗品，二氧化碳。

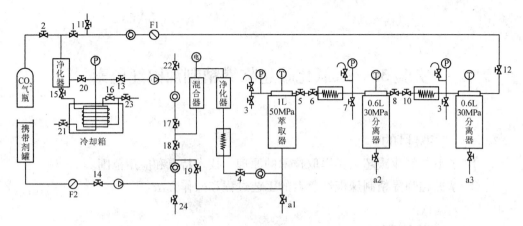

图 6-1 超临界萃取工艺流程

T—温度计　P—温度计　F1—气体流量计　F2—液体流量计　⊠—操作阀门　⊠—放空阀门

四、实验步骤

二氧化碳超临界萃取工艺流程如图 6-1 所示。

1. 称取辣椒红粗提物 300g 装入料桶中，将料桶装入萃取器，盖好压环及上堵头。

2. 接通电源，按下电源开关，启动制冷开关，打开萃取器、分离器的加热开关。

3. 待冷冻箱温度降到 4℃ 左右，萃取器、分离器温度加热到设定温度即萃取器温度 40℃，分离器Ⅰ温度 35℃，分离器Ⅱ温度 35℃，然后进行以下操作。

4. 打开阀门 1、2、15、13、17、4、5、6、8、10，其余阀门关闭，再打开气瓶阀门（气瓶压力应达到 5MPa 以上），使系统中充满二氧化碳气体。

5. 开启高压泵加压，并通过变频器调节加压速度，速度不易太快，当萃取器接近 12MPa 时，打开阀门 5，微调阀门 6，调控萃取器压力，打开阀门 8，微调阀门 10，控制分离器Ⅰ的压力为 8MPa。

6. 通过变频器及阀门控制萃取器、分离器压力。每 10~20min，微微开启 a2、a3 阀门，单独接受萃取物，称重。如在 10min 内接受的萃取物很少时提升系统压力。

7. 重复以上操作，萃取器及分离器Ⅰ的压力分别提到 15MPa、10MPa，维持压力，继续萃取，然后继续提升萃取器压力至 20MPa、25MPa、30MPa，分离器 15MPa、20MPa、25MPa。

8. 萃取完成后，关闭冷冻机、泵、加热器，再关闭总电源，把萃取器、分离器中物料从底部放出，接受，称重。

9. 物料全部放出后，关闭阀门 4、5，打开放空阀门 3 及 a1，萃取器内压力解除后，打开萃取器盖，取出料桶，结束整个萃取过程。

五、注意事项

1. 二氧化碳钢瓶压力不宜过低，过低二氧化碳量少，不能液化，从而使萃取无法进行，或系统压力上不去，不能满足萃取分离工艺要求。
2. 压力调整控制是整个操作的关键，升压不宜太快，否则会不安全，导致安全阀冲开，甚至产生冲料现象。
3. 正常情况下阀门 12 不要关闭，否则会增加分离器 II 的压力，使体系中二氧化碳为液态，这样分离器 II 达不到分离目的，分离物会随液态二氧化碳带出，污染后面的系统，甚至产生管路堵塞。

六、思考题

1. 二氧化碳超临界萃取的原理是什么？有什么特点？
2. 为什么采用二氧化碳超临界方法对辣椒红色素进行精制？
3. 超临界萃取在操作上要注意什么？

实验 31　辣椒红色素色价测定——分光光度法

一、实验目的
1. 了解掌握用比色法测定辣椒红色素色价的方法。
2. 学习分光光度计的使用原理及方法。

二、实验原理
辣椒红色素含辣椒红素和辣椒玉红素，它们在可见光下显色，在 460nm 波长处有最大吸收峰，根据测出的吸光度确定其色素含量的高低。

三、仪器和试剂
仪器：分光光度计，容量瓶(100mL)，烧杯(50mL)，量筒(100mL)，移液管(10mL)。

试剂：辣椒红色素试样，丙酮。

四、实验步骤
准确称取 0.1g 试样(精确至 0.0002g)，用丙酮稀释于 100mL 容量瓶中，精确吸取此稀溶液 10mL，稀释至 100mL，用分光光度计于 460nm 波长处用丙酮作参比液，于 1cm 比色皿中测定其吸光度。

计算
$$E_{1cm}^{1\%}460nm = \frac{Af}{m} \times \frac{1}{100}$$

式中：$E_{1cm}^{1\%}460nm$——被测试样为 1%，1cm 比色皿，在最大吸收峰 460nm 处吸光度；

　　　A——实测试样的吸光度；

　　　f——稀释倍数；

　　　m——试样质量(g)。

五、注意事项
比色液的吸光度范围 $A = 0.30 \sim 0.70$，如比色液 A 值大于 0.70 或小于 0.30，则需分别减少或加大试样量，重新制备比色液。

六、思考题
1. 辣椒红色素色价为什么需在 460nm 处测定？
2. 辣椒红色素色价的概念是什么？

实验32 茶叶中咖啡因提取

一、实验目的
1. 了解以茶叶为原料提取咖啡因的原理和提取过程。
2. 掌握提取和纯化天然产物的基本单元操作,如浸提、萃取、结晶、升华等。

二、实验原理
咖啡因(caffeine)属黄嘌呤类天然化合物,是一种生物碱。它是一种白色结晶,味苦,熔点238℃,易升华;具有弱碱性,易溶于水、乙醇、氯仿、丙酮等,难溶于乙醚和苯。咖啡因会使人兴奋,所以在医药、食品饮料工业被广泛使用。

茶叶中含有2%~5%的咖啡因。咖啡因易溶于水,所以可采用热水提取咖啡因。除咖啡因被热水提取出来外,易溶于水的单宁、黄酮类物质、叶绿素等物质也随之转移到热水中。单宁在热水中易水解成葡萄糖和酸(五倍子酸),单宁有酚基,酸有羧基,二者均显酸性,所以在提取液中加入碱(碳酸钙)会生成相应的钙盐,这些钙盐不溶于氯仿,在热水提取物用氯仿萃取时留在水中,叶绿素尽管稍溶于氯仿,但黄酮类等大多数此类水提物不溶于氯仿,所以用氯仿进行萃取,萃取物主要是咖啡因。然后,通过蒸馏回收氯仿可得咖啡因粗提物,再经结晶、重结晶或升华可得高纯度咖啡因。

三、仪器和试剂
仪器:三口烧瓶(500mL),球型冷凝管,蒸馏烧瓶(100mL),电加热套,分液漏斗,量筒(100mL),锥形瓶,表面皿,烧杯(500mL),三角漏斗,布氏漏斗。

试剂:茶叶,氯仿,碳酸钙,石油醚(60~90℃),苯。

四、实验步骤
1. 浸提

将20g茶叶、20g碳酸钙和200mL水分别加入500mL圆底三口烧瓶中,安装好浸提装置。加热混合物至水沸腾，回流 20min，回流结束后趁热过滤，将滤液冷却至室温，然后移入分液漏斗中，用氯仿萃取 2 次，每次加入氯仿 30mL。合并 2 次萃取液于 100mL 圆底烧瓶中，蒸馏回收氯仿，残留在烧瓶中的残渣即为咖啡因粗产物。

2. 结晶、重结晶

将咖啡因粗产物溶于约 8mL 氯仿中，加热使之溶解。溶液移入 50mL 烧杯中，另用约 5mL 氯仿淋洗烧瓶，并入烧杯中，在通风橱中将溶液蒸发干。

氯仿蒸发后的粗产物采用溶剂法进行重结晶。取 2~4mL 苯加入盛有粗产物的烧杯中，然后加入恰好使溶液变成轻微混浊状所需的石油醚（60~90℃），慢慢冷却溶液，此时可发现有结晶生成，放置 1~2h 后，结晶物不再增加，然后真空过滤，得结晶产物，如所得产物纯度不高可按同样方法进行二次重结晶，称重，计算得率。

溶剂：$CDCl_3$

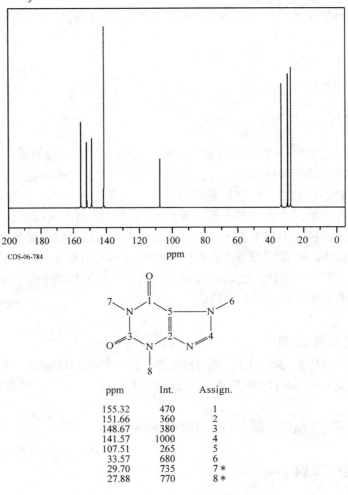

ppm	Int.	Assign.
155.32	470	1
151.66	360	2
148.67	380	3
141.57	1000	4
107.51	265	5
33.57	680	6
29.70	735	7*
27.88	770	8*

图 6-2　咖啡因的核磁共振谱图（C–NMR）

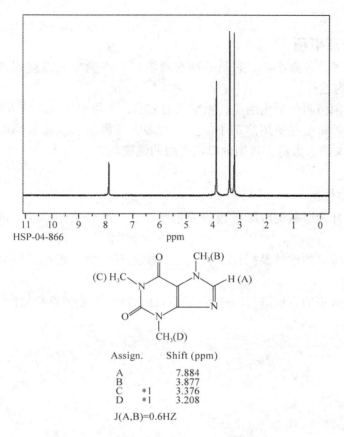

图 6-3　咖啡因的核磁共振谱图（H-NMR）

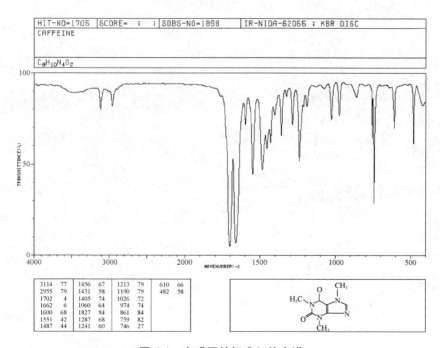

图 6-4　咖啡因的标准红外光谱

五、注意事项

1. 使用氯仿务必小心，它是一种有毒溶剂，不能吸入或溅到身上，转换时需在通风橱内进行。

2. 咖啡因精制可采用结晶、重结晶的方法，也可采用升华的方法得纯品。

3. 咖啡因重结晶所用溶剂不能多，太多咖啡因不易结晶而影响得率，结晶时降温不能太快、太低，否则会影响产物的纯度。

六、思考题

1. 以茶叶为原料提取咖啡因的原理是什么？为什么用结晶、重结晶方法进行提纯？

2. 在咖啡因的重结晶操作中，为什么加入石油醚？还可采用哪些溶剂来进行提纯精制？

3. 采用升华的方法进行咖啡因提纯有什么特点？如何进行操作？

实验33 L-胱氨酸的制备

一、实验目的
1. 了解以毛发为原料制备L-胱氨酸的原理及方法。
2. 熟悉并掌握制备过程中涉及的萃取、脱色、结晶等精制方法。

二、实验原理
L-胱氨酸(L-cystine)为白色粉末和颗粒，有臭味和酸味，易溶于水，水溶液呈酸性，不溶于乙醇、乙醚、苯等有机溶剂，在258~261℃时易分解。

L-胱氨酸作为药用可以治疗脱发、痢疾、伤寒、流感等疾病。作为含硫氨基酸加到饲料中，可增加畜禽发育，增加体重和肝肾机能，此外还大量用做食用油脂抗氧剂。

L-胱氨酸广泛存在于动物的毛发、骨、爪等角质蛋白中。毛发等原料通过水解可制得胱氨酸，通过控制水解中酸的浓度、水解温度、水解时间等可得高收率的产品。一般来说，酸浓度高、水解速度快、反应温度高，有利于缩短反应时间，但同时对胱氨酸的破坏也随之增加。水解时间长反应完全，但会使胱氨酸遭到破坏；水解时间短，胱氨酸没有破坏，但可能反应不完全，转化率低。

本实验水解终点的确定采用缩二脲试验。缩二脲在碱性介质中与二价铜盐反应产生具有粉红色或紫红色的配合物，观察到这种现象时称此现象为阳性。

$$NH_2CNHCNH_2 + NaOH \xrightarrow{Cu^{2+}} (NH_2CNHCNH_2)_2 2NaCu(OH)_2$$

氨基酸以及它的二肽化合物只显蓝色，此现象表明为阴性反应，蛋白质及其分解产物多肽也会发生缩二脲阳性反应。所以，只有当水解液对二价铜盐呈阴性反应时，水解才结束(或近终点)。

三、仪器和试剂
仪器：三口烧瓶(500mL)，搅拌装置，电加热套，冷凝管，温度计(0~200℃)，布氏漏斗，烧杯(500mL)。

试剂：毛发，洗发精，30%盐酸溶液，30%氢氧化钠水溶液，硫酸铜，活性炭，12%氨水。

四、实验步骤
将50g毛发置于500mL烧杯中，加入少许洗发精和150mL温水，不断搅拌，洗净毛发上的油脂，再用清水漂洗多次，然后晾干或晒干。

将洗净烘干的毛发加入500mL三口烧瓶中，再加入30%盐酸，搅拌升温至110℃，在此温度下反应8h。将0.3~0.4mL毛发水解液注入试管中，加入0.3~0.4mL 10%氢氧化钠水溶液，滴入1滴2%硫酸铜溶液，振动，若溶液显粉红色或紫色，表示水解不完全，如显蓝色则表示反应完全。结束后，趁热过滤，把滤液再倒回三口烧瓶中，在搅拌、恒温50℃下加入30%氢氧化钠溶液，中和，直至pH值为4.8为止。继续搅拌20min，若pH值不变，则中和结束。

把中和过的料液在室温下静置2~3d，L-胱氨酸析出，经过滤得到L-胱氨酸粗制品。将粗制品加入250mL三口烧瓶中，再加入70mL 30%盐酸加热使之溶解，然后加入2g粉状活性炭，加热回流15min，趁热过滤，接着用少量盐酸洗涤，趁热过滤，滤液用12%氨水中和至pH 4，在室温下静置过夜。将静置液过滤得L-胱氨酸晶体，然后用少许热水洗涤，再用少许乙醇、乙醚淋洗，最后烘干，得产品。称重，计算得率。

溶剂：D_2O

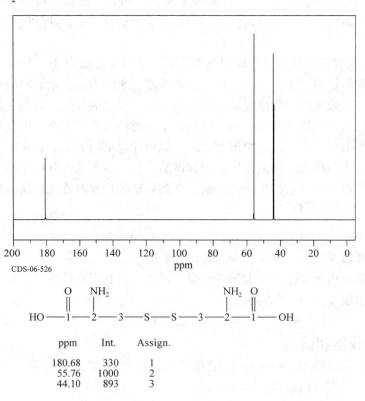

图6-5　L-胱氨酸的核磁共振谱图(C-NMR)

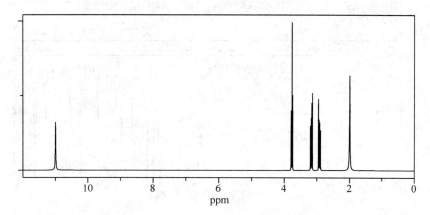

```
Protocol of the H-1 NMR Prediction:

Node     Shift        Base + Inc.    Comment (ppm rel. to TMS)
  OH     11.0         11.00          carboxylic acid
  CH      3.77         1.50          methine
                       1.13          1 alpha -N
                       0.87          1 alpha -C(=O)O
                       0.27          1 beta -SR
  NH₂     2.0          2.00          amine
  CH₂     3.17;2.92    1.37          methylene
                       1.23          1 alpha -S
                       0.22          1 beta -N
                       0.23          1 beta -C(=O)O
  CH₂     3.17;2.92    1.37          methylene
                       1.23          1 alpha -S
                       0.22          1 beta -N
                       0.23          1 beta -C(=O)O
  CH      3.77         1.50          methine
                       1.13          1 alpha -N
                       0.87          1 alpha -C(=O)O
                       0.27          1 beta -SR
  NH₂     2.0          2.00          amine
  OH     11.0         11.00          carboxylic acid
```

ChemNMR H-1 Estimation

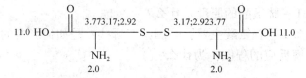

图 6-6　L-胱氨酸的核磁共振谱图（H-NMR）

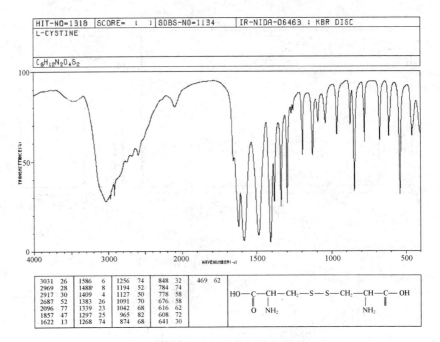

图 6-7　L-胱氨酸的红外光谱图

五、注意事项

1. 洗涤毛发时，不要用碱性洗涤剂，否则会降低 L-胱氨酸的得率。

2. 本实验可选用人发、猪毛、废羊毛或鸡鸭鹅毛等动物毛发作原料，但以人发为原料得率最高。

六、思考题

1. 由毛发提取 L-胱氨酸的原理是什么？
2. 毛发水解制备 L-胱氨酸主要影响因素有哪些？是如何影响的？
3. 如何判断水解反应的程度？为什么？

实验34 苯甲酸钠的制备

一、实验目的
1. 了解食品防腐剂的一般知识。
2. 熟悉苯甲酸钠的性质和用途。
3. 掌握苯甲酸钠的制备方法。

二、实验原理
苯甲酸钠是白色结晶性粉末，带有甜涩味，可溶于水和乙醇。主要用于酱油、醋、果汁、果酱、葡萄酒、琼脂软糖、汽水等的防腐。使用过程中，苯甲酸钠转化为其有效形式苯甲酸，其杀菌、抑菌能力随介质酸度提高而增强，在碱性介质中失去杀菌、抑菌作用，一般用量小于1g/kg。

$$C_6H_5CH_3 + 2KMnO_4 \longrightarrow C_6H_5COOK + KOH + 2MnO_2 + H_2O$$

$$C_6H_5COOK + HCl \longrightarrow C_6H_5COOH + KCl$$

$$2C_6H_5COOH + Na_2CO_3 \longrightarrow 2C_6H_5COONa + H_2O + CO_2$$

三、仪器和试剂
仪器：三口烧瓶（250mL），温度计（0~100℃），回流冷凝管，电动搅拌装置，抽滤装置。

试剂：甲苯，高锰酸钾，浓盐酸，碳酸钠，活性炭。

四、实验步骤

1. 氧化

在装有电动搅拌装置、回流冷凝管和温度计的250mL三口烧瓶中加入4mL甲苯和20mL水，加热至沸腾；分批加入12.8g高锰酸钾，继续加热回流，直到甲苯层几乎消失，回流液不再出现类似油珠状的液滴。

2. 酸化

将反应混合物趁热减压过滤。滤液如果呈紫色，可加入少量亚硫酸氢钠，使紫色褪去，并重新减压过滤；将滤液在冰水浴中冷却，然后用浓盐酸酸化，直到苯甲酸全部析出为止；将析出的苯甲酸减压过滤，用少量冷水洗涤，得到苯甲酸粗品；苯甲酸颜色不纯，可在适量热水中进行重结晶提纯，并加入活性炭脱色。

3. 中和

向三口烧瓶中加入苯甲酸及30%的碳酸钠溶液，加热至70℃进行中和反应。碳酸钠溶液的用量可根据制得的苯甲酸的质量以及苯甲酸和碳酸钠反应的方程式进行计算，实际用量可比理论值略多；反应液的 pH = 7.5 时，停止加热；在中和物料中加入适量活性炭进行脱色，并将反应混合物进行减压过滤，得到无色透明的苯甲酸钠溶液；将滤液转入蒸发皿中，加热、蒸发、浓缩、冷却，析出结晶；减压过滤，自然干燥，得产品。

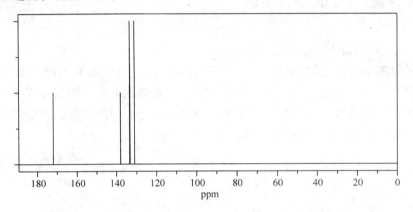

```
Protocol of the C-13 NMR Prediction:

Node    Shift    Base + Inc.    Comment (ppm rel. to TMS)
CH      131.0    128.5          1-benzene
                 2.2            1 -C(=O)-O-Na
                 0.3            general corrections
CH      133.4    128.5          1-benzene
                 4.6            1 -C(=O)-O-Na
                 0.3            general corrections
CH      131.0    128.5          1-benzene
                 2.2            1 -C(=O)-O-Na
                 0.3            general corrections
CH      133.3    128.5          1-benzene
                 4.6            1 -C(=O)-O-Na
                 0.2            general corrections
C       137.9    128.5          1-benzene
                 9.7            1 -C(=O)-O-Na
                 -0.3           general corrections
CH      133.3    128.5          1-benzene
                 4.6            1 -C(=O)-O-Na
                 0.2            general corrections
C       172      166.0          1-carboxyl
                 6.0            1 -1:C*C*C*C*C*1
                 ?              1 unknown substituent(s) from 0-carboxyl
                                -> 1 increment(s) not found
```

ChemNMR C-13 Estimation

图 6-8 苯甲酸钠的核磁共振谱图(C - NMR)

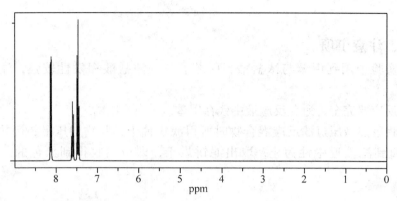

```
Protocol of the H-1 NMR Prediction:

Node    Shift   Base + Inc.   Comment (ppm rel. to TMS)
 CH     7.47     7.26          1-benzene
                 0.21          1 -C(=O)O
 CH     7.60     7.26          1-benzene
                 0.34          1 -C(=O)O
 CH     7.47     7.26          1-benzene
                 0.21          1 -C(=O)O
 CH     8.13     7.26          1-benzene
                 0.87          1 -C(=O)O
 CH     8.13     7.26          1-benzene
                 0.87          1 -C(=O)O
```

ChemNMR H-1 Estimation

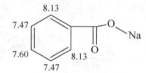

图 6-9　苯甲酸钠的核磁共振谱图（H – NMR）

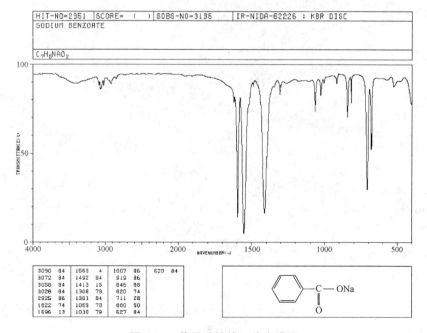

图 6-10　苯甲酸钠的红外光谱图

五、注意事项

1. 实验中用到甲苯与浓盐酸，甲苯有毒，浓盐酸挥发性较强，注意操作安全。
2. 反应要完全，避免反应液中残存甲苯。
3. 将趁热减压过滤反应混合物时所得滤饼抽干，并均匀压平；用热水洗涤数次，直到滤液近中性为止；取出滤饼烘干，即可回收得到黑色的二氧化锰粉末。

六、思考题

1. 苯甲酸钠的主要功能及用途是什么？
2. 苯甲酸钠的反应机理及主要制备过程。

实验 35　果胶的制备

一、实验目的
1. 了解果胶的结构。
2. 掌握果胶的提取及分析方法。

二、实验原理
果胶为白色或浅黄色粉末，微甜且稍带酸味，无固定的熔点，能溶于 20 倍水中呈稠状液体，但不溶于乙醇等有机溶剂，在酸性条件下结构稳定，在强碱性条件下易分解。自然界中果胶以不溶于水的原果胶的形式存在于植物中。其中以柑橘皮、苹果皮、西瓜皮、向日葵花盘、针叶松皮、蚕沙等含量较高，特别是柑橘皮中果胶的含量达 10%～30%。

果胶最重要的特性是具有胶凝性，这在食品工业中和医药行业中有重要意义。果胶在食品工业中是制造果酱、果冻的稳定剂，软糖、酸奶等饮料的乳化剂；在医药工业中，果胶可用来制造轻泻剂、止血剂、毒性金属解毒剂、血浆代用品等；在纺织工业中可代替淀粉，而不需要添加其他辅助剂；也可代替琼脂用于化妆品的生产等。

它的结构式为：

$$\left[\begin{array}{c}\text{COOCH}_3 \\ \text{H} \\ \text{H} \\ \text{OH} \\ \text{H} \\ \text{OH} \\ \text{H} \end{array} \quad \begin{array}{c} \text{H} \quad \text{OH} \\ \text{H} \\ \text{OH} \\ \text{H} \\ \text{H} \\ \text{COOH} \end{array}\right]_n$$

在水果蔬菜中，尤其在未成熟的水果和皮中，果胶多数以原果胶形式存在，原果胶是以金属离子键(特别是钙离子)与多聚半乳糖醛酸中的游离羧基结合形成。原果胶不溶于水，因而提取可溶性的果胶需要用酸水解。从柑橘皮中提取的果胶是高酯化度的果胶，酯化度在 70% 以上。

三、仪器和试剂
仪器：电加热套，电动搅拌器，减压蒸馏装置，烧杯(2000mL、250mL)，容量瓶(250mL)，称量瓶。

试剂：橘皮(200g)，0.1mol/L 氢氧化钠溶液，1mol/L 醋酸溶液，1mol/L 氯化钙溶液，盐酸及 95% 乙醇溶液。

四、实验步骤

1. 果胶的制备

称取 200g 去蒂的橘皮，用水清洗干净，晾干后压榨出橘油，再用水淘洗 2~3 次，去掉橘油。把去掉橘油的橘皮挤干，放在 2 000mL 烧杯中加水 700mL，在 95~100℃下用水浴加热 5~10 min，稍冷后用清水漂洗、挤干。

在橘皮中加水 800mL，用盐酸溶液调节溶液的 pH 值至 2 左右，在 90~100℃下水浴加热，浸取 30min，趁热过滤。由于大量的细小柑橘皮渣过滤困难，因此可先用滤布或白的确良布粗滤一次。将所得的浅黄色滤液在 600~700mmHg 真空度下浓缩至 300mL 左右，得到浅黄色黏稠果胶液体。将浓缩后的果胶冷却，然后以多股细线状均匀流入等体积 95% 乙醇溶液中，充分搅拌，使果胶沉淀完全。静置 2~3h 后过滤（滤液不要弃去，蒸馏后回收乙醇可继续使用）。滤饼用 95% 乙醇溶液洗涤 2~3 次，洗涤后的果胶在 40~50℃下干燥，然后粉碎，并用 80~100 目的筛子过筛。

2. 果胶的分析

称取 0.5g 果胶（准确至 0.000 1g）于 250mL 烧杯中，加入 150mL 水煮沸 1h（煮沸过程中应不断加水，使其体积不变）溶解，然后移入 250mL 容量瓶中，并稀释至刻度线。用移液管取此液 25mL 于 500mL 烧杯中，加入 0.1mol/L 的氢氧化钠溶液 100 mL，放置 30min，再加入 1mol/L 氯钙溶液时放置 1h。加热煮沸 5min，立即趁热过滤，并用热蒸馏水洗涤至无 Cl⁻（过滤用的滤纸应在 105℃下烘干至恒重）。把沉淀放在预先在 105℃下烘干至恒重的称量瓶内，于 105℃下烘干至恒重，称重。

果胶含量计算公式：

$$果胶(\%) = \frac{K \times m_1}{m \times \frac{25}{250}} \times 100$$

式中：m_1—— 沉淀质量(g)；

m—— 样品质量(g)；

K—— 果胶酸钙换算成为果胶的系数，其值为 0.923 5。

果胶如用做食品添加剂，还应按国家标准进行胶凝度、干燥失重、灰分、pH 值、砷及重金属含量等项指标的检测。

五、注意事项

1. 加入 95% 乙醇溶液后，搅拌一定要充分，要保证果胶一定的沉淀时间，等果胶完全沉淀后再进行过滤。

2. 果胶分析在水煮沸的过程中应不断加水，保证其体积不变。

3. 制备果胶时的果渣过滤非常困难，可采用先粗滤后细滤的方法。

六、思考题

1. 果胶的主要来源及用途是什么？
2. 果胶制备过程中加入乙醇，其中乙醇起什么作用？为什么用95%的乙醇？
3. 果胶分析为什么要加醋酸溶液及氯化钙溶液？它们主要起什么作用？
4. 果胶的含量是如何进行计算的？

实验36　水蒸气蒸馏提取姜油

一、实验目的
1. 掌握水蒸气蒸馏法提取天然香料的方法。
2. 了解水蒸气蒸馏法提取姜油的基本原理。

二、实验原理
姜油(oil of ginger)，是一种可食用的调味料，为淡黄色至黄色液体，具有生姜的芳香和持久的香气，具有温和、木样的特异芳香辛辣口感。鲜姜油的理化常数：d_{25}(对水)为 0.865~0.890，折光指数为 1.480~1.495（20℃），旋光度为 $-5°$~$-20°$(20℃)。干姜油的理化常数：d_{25}(对水)为 0.872~0.895，折光指数为 1.480~1.495（20℃），旋光度为 $-25°$~$-55°$(20℃)。鲜姜经水蒸气蒸馏，20h 后得油率为 0.15%~0.3%；干姜经水蒸气蒸馏，16~20h 后得油率为 1.5%~2.5%。

芳香成分多数具有挥发性，可以随水蒸气逸出，冷凝后因其水溶性很低，故易与水分离。水蒸气蒸馏是提取植物天然香料最常用的方法。但是因为提取温度较高，某些芳香成分可能被破坏，香气或多或少受到影响，所以水蒸气蒸馏所得到的香料，其留香性和抗氧化性一般较差。

三、仪器和试剂
仪器：电加热套，电动搅拌器，恒压滴液漏斗，圆底烧瓶(250mL)，回流冷凝管，分液漏斗。

试剂：干生姜(100g)。

四、实验步骤
称取 100g 生姜，洗净后先切成薄片，再切成小颗粒，放入 250mL 圆底烧瓶中，加水 100 mL 和沸石 2~3 粒。在烧瓶上装有恒压滴液漏斗，漏斗上装回流冷凝管。把漏斗下端的旋塞关闭，加热圆底烧瓶，使烧瓶内的水保持较猛烈的沸腾状态。于是水蒸气夹带着姜油蒸汽沿着恒压滴液漏斗的支管上升进入冷凝管。蒸气被冷凝，冷凝液被收集在恒压滴液漏斗中。冷凝液很快在漏斗中分离成油、水两相。每隔一段时间把漏斗的旋塞拧开，把下层的水放回到烧瓶中，姜油则总留在漏斗内。如此重复多次，经 2~3 h 后，降温，把漏斗内下层的水尽量分离出来，余下的姜油则作为产物移入回收瓶中保存。

通过蒸馏所得到的姜油缺少辣味，但具有辛香料的香气和香味。

五、注意事项

1. 如果用干姜做原料，那么干姜不宜磨得太细。否则会因本身含淀粉量高产生黏结而结块，降低出油率。

2. 装料时应做到疏松均匀，已粉碎的材料应迅速蒸馏，以免芳香成分挥发损失，影响出油率。

3. 通过蒸馏所得到的姜油有少许的辣味，但具有明显的辛香的香气和香味。

六、思考题

1. 水蒸气蒸馏法提取植物姜油的基本原理是什么？
2. 为什么在水蒸气蒸馏时要把分离出的水放回到烧瓶中？
3. 为了使姜油在油水分离时减少损失或分离效果更好，可采取什么方法？

第7章 化妆品

实验37 膏霜的配制

一、实验目的
1. 掌握膏霜的配制方法。
2. 了解膏霜的性质及用途。

二、实验原理

膏霜是具有代表性的传统化妆品,它能在皮肤上形成一层保护膜,供给皮肤适当的水分和油脂或营养剂,从而保护皮肤免受外界不良环境因素刺激,延缓衰老,维护皮肤健康。随着科学技术的发展,特别是乳化技术的改进,表面活性剂品种的增加以及天然营养物质的使用,膏霜类化妆品在品种、质量、功能等方面得以大力发展,它作为最基础的化妆品,在满足人们的物质精神生活方面起着重要的作用。

膏霜类化妆品主要类型有雪花膏、冷霜等。

雪花膏(vanishing cream)为白色乳化状软膏,为O/W型制剂。雪花膏擦在皮肤上生成乳白薄层,稍许揉擦,则会像雪一样融化消失。它是由水和硬脂酸乳化而成的,乳化剂是由碱性化合物(如苛性钾、苛性钠)与硬脂酸中和反应生成的硬脂酸盐。

生产雪花膏的主要原料有硬脂酸、碱水,还有保湿剂和香精等原料。雪花膏膏体应洁白细腻、无粗粒、香味宜人、不刺激皮肤。主要用作润肤、打粉底和剃须后用化妆品。

冷霜为含油量较高的膏霜。它能供给皮肤适量的油分,冬天使用时,体温使水分蒸发,同时所含水分被冷却成冰雾,因而产生凉感。通常为W/O型制剂。

冷霜基本成分主要为蜂蜡、白油、硼砂和水,冷霜油脂含量可达65%~85%。

三、仪器和试剂

仪器:烧杯(250mL),恒温水浴,电动搅拌器,温度计(0~100℃)。

试剂:硬脂酸,单硬脂肪酸,硬脂酸丁酯,甘油酯,丙二醇,氢氧化钾,香精,防腐剂,蜂蜡,白凡士林,白油(18#),鲸蜡,斯潘80,乙酰化羊毛醇,硼砂，抗氧剂。

四、实验步骤

1. 雪花膏

配方：

组　　分	质量/g	组　　分	质量/g
硬脂酸	10	氢氧化钾	0.2
十八醇	4	香精	1
单硬脂酸甘油酯	2	防腐剂	适量
硬脂酸丁酯	8	蒸馏水	
丙二醇	10		

配制：

将蒸馏水加入烧杯中，然后加入丙二醇和氢氧化钾，加热至80℃制成水相。其余部分加入另一烧杯中加热至90℃，使物料溶解均匀。在搅拌下把油相缓缓加入水相，在约50℃时加入防腐剂，在约45℃时加入香精，继续搅拌至冷，便得到雪花膏。

2. 冷霜

配方：

组　　分	质量/g	组　　分	质量/g
蜂蜡	10	乙酰化羊毛醇	2
白凡士林	7	蒸馏水	41.5
白油(18#)	34	硼砂	0.6
鲸蜡	4	香精	0.3
司盘80	1	抗氧剂	适量

配制：

把蒸馏水加入烧杯中，然后将硼砂溶解在蒸馏水中，加热至70℃，将香精、抗氧剂以外的其他组分混合，并使物料溶解均匀。在剧烈搅拌下将水相加入油相内，加完后改为缓慢搅拌，待冷却至45℃时加入香精、抗氧剂。40℃停止搅拌，静置过夜，再经研磨后，便可得冷霜。

五、注意事项

1. 在膏霜中可加入一些天然植物提取物，如薏苡仁、芦笋、当归、沙棘、皂角等，给皮肤补充营养，使之细嫩、美白，富有光泽。

2. 降温过程中，黏度逐渐增大，搅拌带入膏体的气泡不易逸出，因此，黏度大时搅拌不能太剧烈。

3. 降温过程中不能停止搅拌，因为搅拌能使油相分散更细，并能加速它与硬脂酸结合形成结晶，出现珠光现象。

六、思考题
1. 膏霜类化妆品主要有哪些类型？各有什么特点和用途？
2. 配方中主要有哪些组分？主要有什么作用？
3. 膏霜配制时为什么油相、水相分别配制，然后再混合到一起？

实验38 洗发香波的配制

一、实验目的
1. 掌握洗发香波的配制方法。
2. 了解洗发香波中各组分的特点及作用。

二、实验原理
洗发香波(shampoo)是洗发剂的全称。早年的洗发剂是粉状的，叫洗发粉，又叫粉状香波；后来发展为膏状的称为洗发膏，也叫膏状香波；目前主要是液状的，叫洗发液，又叫液状香波。所谓的洗发香波习惯指的是液状洗发剂。液状洗发剂可分为透明洗发香波、乳状洗发香波和胶状洗发香波。

洗发香波主要具备洗涤、清洁、营养及美发功能，它不仅能除去头发和头皮上的污垢，还能促进头发、头皮的生理机能，使头发光亮、柔顺，起到美容作用。

香波的主要成分为表面活性剂和添加剂。表面活性剂，其中主要是阴离子表面活性剂能提供泡沫和去污作用；其余的表面活性剂，主要是阴离子、非离子、两性离子型表面活性剂，能增进去污力和促进泡沫稳定性，改善头发梳理性；添加剂主要赋予香波特殊效果，如去头屑药物、固色剂、稀释剂、整合剂、增溶剂、营养剂、防腐剂、染料和香精等。

三、仪器和试剂
仪器：烧杯(500mL)，量筒(50mL)，温度计(0~100℃)，恒温水浴锅。

试剂：十二烷基磺酸钠，脂肪醇聚氧乙烯醚硫酸钠(AES)，脂肪酸二乙醇酰胺(6501，尼诺尔)，硬脂酸乙二醇酯，氯化钠，柠檬酸，苯甲酸钠，香料，色素。

四、实验步骤
1. 配方

组 分	质量/g	组 分	质量/g
AES	12	苯甲酸钠	1.0
K_{12}	7.0	香精	0.5
6501	3.5	去离子水	加至100%
氯化钠	1.0	柠檬酸	适量

2. 配制过程

先将适量的水加入烧杯中，等加热至 60℃ 时，加入乙二醇硬脂酸酯，搅拌加热使之溶化；再分别加入脂肪酸二乙醇酰胺、十二烷基磺酸钠，使之完全溶解；冷却至 50℃ 以下，加入脂肪醇、聚氧乙烯醚、硫酸钠，搅拌溶解，加入氯化钠增稠，加入香精、苯甲酸钠、香精、色素等，最后用柠檬酸调节 pH 至 7 左右，制得洗发香波。测定耐热及耐寒性、泡沫及 pH 值。

五、注意事项

1. pH 值也可用碱液进行调节，使用柠檬酸需用 50% 的溶液。
2. 用食盐增稠需控制一定的比例，一般不得超过 3%。
3. 根据需要可加入一些具有特殊功能和一些天然的营养、保健作用的物质。

六、思考题

1. 洗发香波的主要原料是什么？原料在配方中起什么作用？
2. 加入硬脂酸乙二醇酯为什么要加热到 60℃？
3. 目前洗发香波主要有哪些类型？

实验39 防晒霜

一、实验目的
1. 了解防晒霜的防晒原理及防晒的重要性。
2. 掌握防晒霜的配制方法。

二、实验原理
防晒霜是一种油包水型的防晒乳化产品。它既能保持一定的吸湿性，又不至于过分油腻，附着力强，使用方便，是深受人们欢迎的防晒化妆品。

紫外线是指波长在400nm以下的光线，根据其波长不同可分为长波紫外线（简称UVA，波长320~400nm）、中波紫外线（简称UVB，波长280~320nm）和短波紫外线（简称UVC，波长小于280nm），其中短波紫外线被高空臭氧层吸收，不能到达地面。

人们长期受到日光紫外线的照射，会使人体发生生理上的变化。长波紫外线照射人体后，会使皮肤发黑，皮肤有明显的色素沉淀；中波紫外线照射人体后，可引起皮肤发红，结果导致皮肤失水干燥、起皱纹、萎缩变薄以及出现发暗、发黑等一系列皮肤老化现象。

防晒化妆品中含有称为紫外线吸收剂的某些有机化合物或药物，这些物质能吸收长波或中波紫外线，以保护皮肤不受这些射线的危害。

紫外线吸收剂主要有：水杨酸类、肉桂酸类、对氨基苯甲酸类、羧基二苯甲酮类和香豆素类等有机化合物。其中，对氨基苯甲酸类紫外吸收剂防晒性能最好，它能较好地吸附在皮肤上，不易被汗水或海水洗掉，并且无毒无害。此外，一些天然植物浸汁，如芦荟菊、蜡菊、金丝桃也具有吸收紫外线作用，并兼有营养和软化皮肤之功能。

三、仪器和试剂
仪器：烧杯(500mL)，温度计(0~100℃)，搅拌器，水浴锅，电炉。

试剂：白油($18^\#$)，蜂蜡，地蜡，凡士林，单硬脂酸甘油酯，对氨基苯甲酸薄荷酯，硼砂，防腐剂，抗氧剂，香精。

四、实验步骤

1. 配方

组　分	质量/g	组　分	质量/g
白油(18#)	35.0	硼砂	1.0
蜂蜡	14	精制水	27.5
地蜡	1.0	防腐剂	适量
凡士林	12.5	抗氧剂	适量
单硬脂酸甘油酯	5.0	香精	适量
对氨基苯甲酸薄荷酯	4.0		

2. 配制

甲组为油相原料，乙组为水相原料。首先将油相原料混合加热至完全溶解。再将硼砂溶于精制水中，加热至沸腾，然后降温至80℃以上待用。在搅拌下将水相物质徐徐加入油相中，使之完全乳化。继续搅拌，冷却至45℃时加入香精、抗氧剂和防腐剂，冷却至室温时进行研磨脱气，包装。

五、注意事项

1. 紫外线吸收剂的使用量是通过实际日晒试验得出的，加入量不能过多，否则可能会使皮肤产生过敏。
2. 防晒化妆品除防晒霜外，还有防晒液、防晒油、防晒膏、防晒水等产品。

六、思考题

1. 紫外线对人体有哪些危害？
2. 防晒化妆品为什么能防晒？

实验 40　唇膏的配制

一、实验目的
1. 了解唇膏的特性及使用。
2. 掌握唇膏的配制方法。

二、实验原理
唇膏习惯上称为口红，是妇女涂抹嘴唇使之红润娇美并留有香气的化妆品。它是美容化妆的重要内容之一，几十年来，唇膏在化妆上一直占有重要地位。使用唇膏勾描唇形，不仅可以使嘴唇红润美丽，而且还有防止嘴唇干裂和细菌感染的保护作用。

唇膏要求膏体滋润光滑，无麻点裂纹，附着力强，不易脱落，不因气候变化发生膏体变色、开裂或渗油，颜色鲜艳，均匀一致，不溶于水。

实际上唇膏有口红、口白两种，原料主要有油分、色素与香精。制作中，要保持恒定的烧模温度，恒定的快速冷却速度，使产品能保持正常的结晶，避免"发汗"（小油滴渗出）。

色素是唇膏的主要成分。

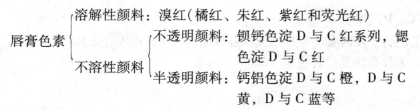

油分是唇膏的骨干成分，主要有蓖麻油、单元醇与多元醇的高级酯；还有滋润性物质羊毛脂、凡士林等。本配方中使用了大量的蓖麻油。

蓖麻油是唯一的高黏度植物油，用其作基质原料能赋予唇膏一定的黏度，又能滋润营养口唇。其次它还能作曙红酸的溶剂，可提高曙红酸的溶解度。

三、仪器和试剂
仪器：烧杯（500mL），温度计（0～100℃），恒温水浴槽，胶体研磨机，口红模具。

试剂：蓖麻油，单硬脂酸甘油酯，棕榈酸异丙酯，蜂蜡，巴西棕榈蜡，无水羊毛脂，鲸蜡醇，溴酸红，色淀，香精，抗氧剂。

四、实验步骤

1. 唇膏配方

组 分	质量/g	组 分	质量/g
蓖麻油	44.5	鲸蜡醇	2.0
单硬脂酸甘油酯	9.5	溴酸红	2.0
棕榈酸异丙酯	2.5	色淀	10
蜂蜡	20.0	色素	0.5
巴西棕榈蜡	5.0	抗氧剂	0.2
无水羊毛脂	4.5		

2. 配制

将溴酸红溶解分散于蓖麻油及其他溶剂的混合物中,将色淀调入熔化的软脂和液态油的混合物中,经胶体磨研使其均匀分散。将蜡类一起熔化,控温略高于配方中蜡类物质的最高熔点。将上述三者混合,再次研磨。当温度降至比混合物熔点高 5~10℃ 时,即可浇模,并快速冷却,得口红产品。

五、注意事项

1. 香精在混合物完全熔化时加入。
2. 制备过程中需严格控制温度,从而保证产品均匀细腻。

六、思考题

1. 唇膏主要由哪些原料组成?各种原料在配方中起什么作用?
2. 为什么浇模后需快速冷却?

实验 41 餐具洗涤剂的制备

一、实验目的
1. 掌握餐具洗涤剂的配制方法。
2. 了解餐具洗涤剂的配方原理及各组分的作用。

二、实验原理
餐具洗涤剂又叫洗洁精,是无色或淡黄色透明液体。由溶剂、表面活性剂和助剂组成。主要用于洗涤各种食品及器具上的污垢。特点是去油腻性好、简易卫生、使用方便。

1. 餐具洗涤剂的基本要求
①对人体安全无害;
②能高效地除去动植物油垢,并不损伤餐具、灶具等;
③用于洗涤蔬菜、水果时,无残留物,不影响外观和原有风味;
④产品长期贮存稳定性好,不会发霉变质。
另外,为了使用方便,餐具洗涤剂要制成透明状,并有适当的浓度和黏度。

2. 餐具洗涤剂的原料
餐具洗涤剂的原料,主要包括溶剂(水或有机溶剂)、表面活性剂和助剂等。
溶剂主要为水。水作为溶剂,溶解力和分散力都比较大,比热容和汽化热很大,不可燃,无污染。但水也存在一些缺点,如对油脂类污垢溶解能力差,表面张力大,具有一定的硬度,需经软化处理。
用作餐具洗涤剂的表面活性剂,主要包括阴离子表面活性剂、非离子表面活性剂。如常用的十二烷基苯磺酸钠和脂肪醇聚氧乙烯醚硫酸钠均属于阴离子表面活性剂;而壬基酚聚氧乙烯醚和脂肪(椰油)酸二乙醇胺均属于非离子表面活性剂。
助剂主要包括增稠剂、螯合剂、香精以及防腐剂等。

三、仪器和试剂
仪器:电动搅拌器,恒温水浴槽,烧杯(500mL),温度计(0~100℃)。
试剂:十二烷基苯磺酸(工业级),脂肪醇聚氧乙烯醚(3)硫酸钠(AES),壬基酚聚氧乙烯醚(工业级,别名 TX - 10),脂肪(椰油)酸二乙醇胺(工业级,别名尼纳尔,6501),双硬脂酸聚乙二醇(6000)酯(工业级,别名 PEG 6000 DS 638),氢氧化钠(AR),氯化钠(AR),乙二胺四乙酸钠(AR、EDTA 二钠盐),香精,防腐剂及蒸馏水等。

四、实验步骤

1. 洗涤剂配方

成　　分	质量分数/%	成　　分	质量分数/%
十二烷基苯磺酸	5.0	氢氧化钠	0.5
脂肪醇聚氧乙烯醚(3)硫酸钠	5.0	氯化钠	0.5~1.0
壬基酚聚氧乙烯醚	1.5	香精	0.1
脂肪(椰油)酸二乙醇胺	4.0	防腐剂	0.2
乙二胺四乙酸钠	0.2	蒸馏水	加至100
双硬脂酸聚乙二醇(6000)酯	2.0		

2. 制备

取 500mL 烧杯加入蒸馏水，用水浴锅加热至 50℃，加入乙二胺四乙酸钠（EDTA），不断搅拌。溶解后再加入十二烷基苯磺酸，搅拌溶解，加入氢氧化钠，使其完全反应。此过程为放热过程。再加入脂肪醇聚氧乙烯醚(3)硫酸钠（AES），并搅拌完全溶解。依次加入壬基酚聚氧乙烯醚（TX-10）、脂肪(椰油)酸二乙醇胺（6501），并搅拌完全溶解。加入双硬脂酸聚乙二醇（6000）酯（638），并搅拌完全溶解。638 为白色蜡状固体，使用前应粉碎成细小颗粒。加入防腐剂、香精。得到餐具洗涤剂产品。

五、注意事项

1. 观察产品的颜色、气味、状态，并试用观察洗涤效果。
2. 了解原料的市场价格，考虑产品成本因素。

六、思考题

1. 餐具洗涤剂的基本要求是什么？
2. 洗涤剂配方的主要组成及各组分的作用是什么？

第8章 工艺装置实验

实验42 乙酸乙酯合成实验（反应精馏）

一、实验目的
1. 掌握有机酸酯的制备原理和乙酸乙酯的合成方法。
2. 了解反应精馏的原理及在酯化反应中的应用。
3. 学习用恒沸蒸馏塔顶除去生成物的方法。

二、实验原理
1. 主要性质和用途

乙酸乙酯(ethyl acetate)亦称醋酸乙酯，无色透明液体，有果香、酒的香味。相对密度(d_{20}^{20})0.900 3，沸点77.1，闪点4℃，折射率(n_D^{20})1.372 3。与醚、醇、卤代烃、芳烃等多种溶剂混溶，微溶于水。乙酸乙酯是良好的有机溶剂，可广泛用于油墨、人造革、涂料及胶黏剂等工业生产中，也可作为香料大量用于酒香、果香类香精的调配。

2. 原理

醋酸乙酯的制备主要有3种方法。

乙烯与醋酸直接酯化生成醋酸乙酯：
$$CH_3COOH + C_2H_4 \longrightarrow CH_3COOCH_2CH_3$$

乙醛缩合法：以烷基铝为催化剂，乙醛经二聚作用制得。
$$2CH_3CHO \longrightarrow CH_3COOCH_2CH_3$$

直接酯化法：在酸性催化剂下，醋酸和乙醇直接酯化合成。
$$CH_3COOH + C_2H_5OH \rightleftharpoons CH_3COOCH_2CH_3 + H_2O$$

本实验采用直接酯化法制备醋酸乙酯，加入少量的硫酸作催化剂。此反应是可逆反应，为使反应平衡朝着合成酯的方向进行，可采用两种方法：一是增加反应物的浓度。实验中采用乙醇过量。二是减少生成物的浓度。在反应过程中不断把生成物醋酸乙酯及水蒸出，使反应进行的比较完全。

由于醋酸乙酯、乙醇、水三者间会形成共沸，并且相互溶解，所以给醋酸乙酯的制备和分离带来了困难。

本实验在酯化反应中采用了先进的反应精馏工艺来解决以上的问题。

反应精馏是将反应与分离过程结合在一起，于一个装置内完成的操作过程。

反应精馏的特点是：
①简化了流程；
②对放热反应可有效地利用其热量；
③对可逆反应因能即时分离产物而增加了平衡转化；
④对某些体系可因即时分离产物而抑制了副反应；
⑤可采用低浓度原料；
⑥因反应物存在可改变系统组分的相对挥发度，能实现沸点相近或具有共沸组成的混合物之间完全分离。

三、仪器和试剂

仪器：反应精馏装置，气相色谱仪。

试剂：无水乙醇（d_{20}^{20} 0.789 3），冰醋酸（d_{20}^{20} 1.049 2），浓硫酸，碳酸钠，无水硫酸镁。

四、实验步骤

将 200mL 乙醇、200mL 冰醋酸、2g 浓硫酸加到烧杯中，混合均匀后倒入蒸馏釜内，另外把 200mL 乙醇、200mL 冰醋酸混合均匀后加入滴液漏斗中备用。加热升温，当蒸汽上升到塔顶时，全回流 30min 后，调节回流比，开始收集馏出物，这时塔顶温度应控制在 69~72℃ 并开始出料，收集馏出物（Ⅰ段）。在出料的同时，按馏出物相同的速度滴加乙醇和冰醋酸混合液，保持釜中一定的液位。当塔顶温度超过 72℃ 时停止滴加乙醇和冰醋酸混合液，切换接收器，收集馏出物（Ⅱ段），改用乙醇继续滴加。当塔顶温度升至 78℃ 时停止滴加。分析测试，计算出转化率和收率。

五、注意事项

1. 浓硫酸在反应中起催化作用，只需少量。
2. 本实验采用反应精馏工艺，在反应的同时，通过精馏蒸出恒沸混合物，从而移去反应物醋酸乙酯和水。醋酸乙酯、乙醇和水可能形成表 8-1 中的几种混合物。

表 8-1　恒沸混合物组成及沸点

恒沸混合物		沸点/℃	组成(质量分数)/%		
			醋酸乙酯	乙醇	水
二元	醋酸乙酯-水	70.4	91.8		8.2
	醋酸乙酯-乙醇	71.8	69.2	30.8	
	乙醇-水	78.2		95.4	4.6
三元	醋酸乙酯-乙醇-水	70.2	82.6	8.4	9

含水的恒沸混合物冷凝为液体时，有分层现象。乙醇溶于醋酸乙酯和水，醋酸乙酯和水部分溶解。酯溶在水中 8.7%，水溶在酯中 3.3%。

顶部温度的变化，可以大致估计酯化反应完成的程度。

溶剂：$CDCl_3$

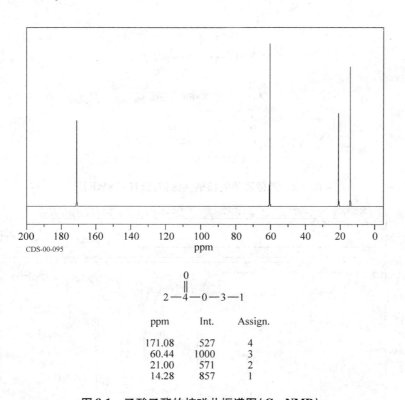

```
        O
        ‖
  2—4—O—3—1

  ppm      Int.    Assign.
  171.08   527     4
  60.44    1000    3
  21.00    571     2
  14.28    857     1
```

图 8-1　乙酸乙酯的核磁共振谱图(C-NMR)

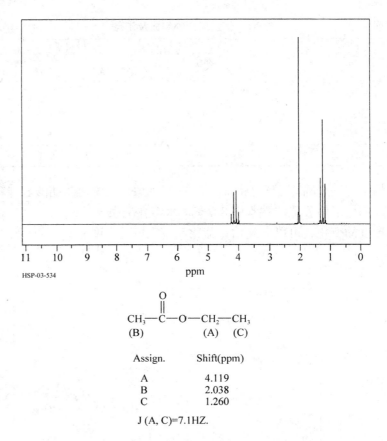

图 8-2　乙酸乙酯的核磁共振谱图（H-NMR）

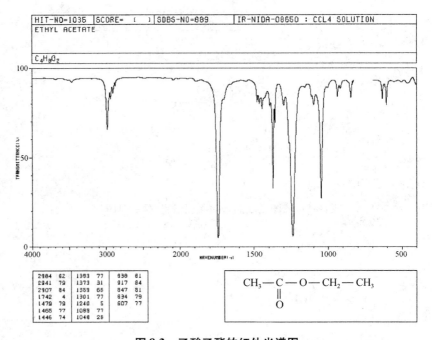

图 8-3　乙酸乙酯的红外光谱图

六、思考题

1. 实验是根据什么原理来提高醋酸乙酯的得率的?
2. 反应精馏工艺特点是什么?在此实验中主要起什么作用?
3. 原料的加入为什么要分次分批加入?

实验43　乙醇脱水制备乙烯实验（气固相催化）

一、实验目的
1. 掌握乙醇脱水制备乙烯的原理及制备方法。
2. 了解气固相催化固定床反应的特点及在化学催化合成上的应用。
3. 学习固相催化固定床反应器的操作。

二、实验原理
乙醇脱水既可发生分子内脱水生成乙烯，也可发生分子间脱水生成乙醚。一般而言，较低的温度有利于乙醚的生成，而较高的温度则有利于乙烯的形成，在一定高的温度下基本上只生成乙烯，乙醚的生成量甚微。因此，这一复合反应由于其反应条件的变化，脱水机理也不同。

采用氧化铝和分子筛催化剂会产生如下反应：

$$2C_2H_5OH \longrightarrow C_2H_5OC_2H_5 + H_2O$$

$$C_2H_5OH \longrightarrow C_2H_4 + H_2O$$

气固相催化反应器在工业上应用较广的是固定床催化反应器，此外还有流化床反应器。

所谓固定床催化反应器，是指气态反应物通过静止的催化剂颗粒床层进行化学反应的装置，简称固定床反应器。

固定床催化反应器优点是：当高径比较大时，床层内气体的流动接近于活塞流（床层很薄和流速很低的除外），具有活塞流反应器的一系列特性和优点，诸如反应速度快，反应器容积小，催化剂用量少，停留时间可以严格控制，温度分布可以适当调节，有利于提高化学反应的转化率和目的产物的收率。此外，催化剂不易磨损而可较长期使用，可在高温下操作等。它的缺点主要在于传热性能差。这是因为催化剂载体导热性较差，而气体流速又受压降限制，不能太高，这就造成了传热和控温较困难。此外，为了不致使固定床反应器内压降过大、动力消耗增加，只能使用较粗颗粒的催化剂，因而内表面利用率较低，催化剂的更换和再生也较为麻烦。

三、仪器和试剂
仪器：固定床催化反应装置，气相色谱仪。
试剂：无水乙醇，氧化铝。

四、实验步骤

首先将 20mL 的氧化铝催化剂装填到固定床反应器中，通入氮气吹扫系统，升温，当达到所需温度后关闭气路，开启加料泵加入乙醇，控制加料速度为 20mL/h，温度控制分别在 220℃、240~260℃、280℃、300℃（反应器内催化剂床层内温度）。每次稳定 20min 后，反应 30min，并在此时间内取气样分析，在湿式流量计内计量，当反应 30min 后将分离器内液体取出，称量，分析。此后每改变一次温度按上述步骤进行取样分析，同样也可在不同加料速度下进行改变温度的实验。实验结束后关闭电源降温至 200℃以下停机。最后计算出乙醇反应转化率，乙烯、乙醚收率和温度的关系曲线。

五、注意事项

1. 升温操作一定要有耐心，要平稳地提高温度，以免影响反应的正常及实验结果的准确性。
2. 流量的调节要随时观察及时调节，保持其稳定，否则温度也不稳定。
3. 气固相催化反应除了应用于乙醇脱水制备乙烯外，还常用于以下反应：苯加氢制备环己烷，乙苯脱氢制备苯乙烯，丙酮加氢制备异丙酮，异丁烷脱氢制备异丁烯等。

六、思考题

1. 气固相催化固定床反应有什么特点？主要应用范围是什么？
2. 乙醇脱水制备乙烯的同时还易生成哪种物质？如何提高乙酸乙酯的转化率？

实验 44　香荚兰超临界二氧化碳萃取

一、实验目的

1. 了解超临界二氧化碳提取技术的原理、技术特点和应用范围。
2. 掌握超临界二氧化碳萃取香荚兰的工艺过程。

二、实验原理

香荚兰（*Vanilla planifolia*）别名香子兰，兰科植物，主要分布于马达加斯加、墨西哥、印度尼西亚、科摩罗等地。香荚兰有香部位为果荚即香荚兰豆。以香荚兰豆为原料进行溶剂萃取可得到酊剂、浸膏等产品，广泛应用于食品如冷饮、冰淇淋、巧克力、糖果及名烟名酒的加香，也可用于高档香水的加香。

香荚兰豆中生香的主要部分为它的挥发油，挥发油中的主要化学成分为香兰素（1%~3%）、大茴香醇、大茴香醛、大茴香酸、洋茉莉醛、香兰酸等化合物。香荚兰具有清甜的豆香、奶香和膏香，香浓郁而柔和，留香持久。

用传统工艺——溶剂法得到的香荚兰提取物，除含有精油外，还含有色素、树脂、果胶等杂质，其产品纯度差、有异味及溶剂残留高，所以无法满足食用及化妆品对高品质香荚兰的需求，采用超临界技术可以解决以上问题。

用二氧化碳流体作为溶剂，其溶剂能力主要取决于流体密度，也就是说在恒定浓度下，升高压力，流体密度增大，溶剂能力增强，所以可以通过改变压力来提高提取效率和得率并控制产品的质量。

三、仪器和试剂

仪器：二氧化碳超临界萃取装置，二氧化碳钢瓶。
试剂：香荚兰豆，二氧化碳。
超临界萃取工艺流程见图 6-1。

四、实验步骤

1. 称取 100g 经粉碎的香荚兰豆原料倒入料桶中，将料桶装入萃取器，盖好压环及上堵头。

2. 接通电源，按下电源开关，启动制冷开关，打开萃取器、分离器的加热开关。

3. 待冷冻箱温度降到 4℃左右，萃取器、分离器温度加热到设定温度即萃取器温度 35℃，分离器 I 温度 35℃，分离器 II 温度 35℃，然后进行以下操作：

4. 打开阀门1、2、15、13、17、4、5、6、8、10，其余阀门关闭，再打开气瓶阀门(气瓶压力应达到5MPa以上)，使系统中充满二氧化碳气体。

5. 开启高压泵加压，并通过变频器调节加压速度，速度不宜太快，当萃取器接近12MPa时，打开阀门5，微调阀门6，调控萃取器压力，打开阀门8，微调阀门10，控制分离器Ⅰ的压力为8MPa。

6. 通过变频器及阀门控制萃取器、分离器压力。微微开启a2、a3阀门，控制萃取器压力为8MPa，并每间隔10min从分离器底部接受萃取物，称重。如萃取物很少时提升系统压力。

7. 重复以上操作，萃取器及分离器Ⅰ的压力分别提高到15MPa、10MPa，维持压力，继续萃取，然后继续提升萃取器压力至25MPa。

8. 萃取完成后，关闭冷冻机、泵、加热器，再关闭总电源，把萃取器、分离器中物料从底部放出，接受，称重。

9. 关闭阀门4、5，打开放空阀门3及a1，萃取器内压力解除后，打开萃取器盖，取出料桶，结束整个萃取过程。

五、注意事项

1. 二氧化碳钢瓶压力不宜过低，过低二氧化碳量少，不能达到超临界状态，从而使萃取无法进行，或系统压力上不去，不能满足萃取分离工艺要求。

2. 压力调整控制是整个操作的关键，升压不宜太快，否则会不安全，导致安全阀冲开，甚至产生冲料现象。

3. 正常情况下阀门12不要关闭，否则会增加分离器Ⅱ的压力，使体系中二氧化碳为流体，这样分离器Ⅱ达不到分离目的，分离物会随二氧化碳带出，污染后面的系统，甚至产生管路堵塞。

六、思考题

1. 二氧化碳超临界萃取的原理是什么？有什么特点？
2. 为什么采用二氧化碳超临界萃取方法对香荚兰豆进行提取？
3. 超临界萃取在操作上要注意什么？

实验45　乙苯脱氢气固相催化

一、实验目的

1. 了解以乙苯为原料在铁系催化剂上进行固定床制备苯乙烯的过程,学会设计实验流程和操作。
2. 掌握乙苯脱氢操作条件对产物收率的影响,学会获取稳定的工艺条件之方法。
3. 掌握催化剂的填装、活化、反应使用方法。
4. 掌握色谱分析方法。

二、实验原理

乙苯脱氢生成苯乙烯和氢气是一个可逆的强烈吸热反应,只有在催化剂存在的高温条件下才能提高产品收率。其反应如下:

主反应:

$$C_6H_5C_2H_5 \longrightarrow C_6H_5C_2H_3 + H_2$$

副反应:

$$C_6H_5C_2H_5 \longrightarrow C_6H_6 + C_2H_4$$
$$C_6H_5C_2H_5 + H_2 \longrightarrow C_6H_6 + C_2H_6$$
$$C_2H_4 + H_2 \longrightarrow C_2H_6$$

影响反应的主要因素:

①反应温度:乙苯脱氢反应为吸热反应,$\Delta H_0 > 0$,从平衡常数与温度的关系式可知,提高温度可增大平衡常数,从而提高脱氢反应的平衡转化率。但是温度过高副反应增加,使苯乙烯选择性下降,能耗增大,设备材质要求增加,故应控制适应的反应温度。

②反应压力:乙苯脱氢为体积增加的反应,从平衡常数与压力的关系式可知,当 $\Delta \gamma > 0$ 时,降低总压 P 可使 Kn 增大,从而增加了反应的平衡转化率,故降低压力有利于平衡向脱氢方向移动。实验中加入惰性气体或减压条件下进行,通常均使用水蒸气作稀释剂,它可降低乙苯的分压,以提高平衡转化率。水蒸气的加入还可向脱氢反应提供部分热量,使反应温度比较稳定,能使反应产物迅速脱离催化剂表面,有利于反应向苯乙烯方向进行;同时还可以有利于烧掉催化剂表面的积炭。但水蒸气增大到一定程度后,转化率提高并不显著,因此适宜的用量为:水:乙苯 = (1.2~2.6):1(质量比)。

③空速的影响:乙苯脱氢反应中的副反应和连串副反应,随着接触时间的增大而增大,产物苯乙烯的选择性会下降,催化剂的最佳活性与适宜的空速及反应

温度有关，本实验乙苯的液体空速以 0.6~1h^{-1}为宜。

④催化剂：乙苯脱氢技术的关键是选择催化剂。该反应的催化剂种类颇多，其中铁系催化剂是应用最广的一种。铁系催化剂从 20 世纪 40 年代初期问世以来已经历了四代的发展。第一代铁系催化剂以氧化镁为载体，组成为：72.4%氧化镁、18.4%三氧化二铁、4.6%氧化铜、4.6%氧化钾。第二代铁系催化剂，以钾和铬为助催化剂，组成为：87%三氧化二铁、10%氧化钾、3%三氧化二铬。第三代铁系催化剂为 Fe-K-Ce-Mo，其组成：56%三氧化二铁、32%碳酸钾、5.5%三氧化二铈、3.0%三氧化钼；该催化剂活性和选择性都高，但由于其钾含量高(钾的吸湿性强)，耐水性差，在使用中钾容易流失和迁移，造成催化剂粉化、结块、热稳定性不好。第四代铁系催化剂组成：77%三氧化二铁、10%氧化钾、5%三氧化二铈、2.3%三氧化钼、2.2%氧化镁、2.2%氧化钙；当降低了钾含量，增加了镁和微量铬，在很大程度提高了催化剂耐水性和热稳定性。

在应用中，催化剂的形状对反应收率有很大影响。小粒径、低表面积、星形、十字形截面等异形催化剂有利于提高选择性。

三、仪器和试剂

仪器：捏合机，挤条机，烘箱，坩埚，马弗炉，气固相反应装置，分液漏斗，气相色谱仪。

试剂：氧化铁红(黄)，颜料级；碳酸钾，碳酸铈，碳酸钙，碳酸镁盐，钼酸铵，乙苯，工业级。

实验流程：

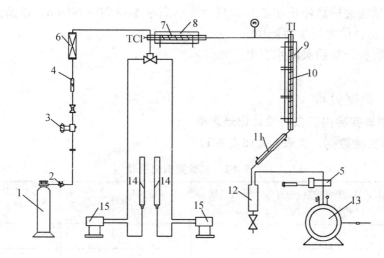

图 8-4 气固相反应装置

TCI—控温热点偶 TI—测温热电偶 PI—压力计 1—气体钢瓶 2—减压阀 3—稳压阀
4—转子流量计 5—干燥器 6—取样器 7—预热炉 8—预热器 9—反应炉 10—固定床反应器
11—冷凝器 12—气液分离器 13—湿式流量计 14—加料罐 15—液体泵

四、实验步骤

1. 铁系催化剂制备

采用干混法制备乙苯脱氢催化剂。先将一定量的氧化铁、碳酸钾、铈盐、钼盐（77% Fe_2O_3、10% K_2O、5% Ce_2O_3、2.3% MoO_3、2.3% MgO、2.3% CaO）以及黏结剂、致孔剂等加入捏合机中混合均匀，然后加水捏合，挤条，切粒成3mm×(5~7)mm 的圆柱状颗粒，于 120 ℃烘箱中干燥 1~4 h，最后于 820 ℃马弗炉中焙烧 4 h，即制得催化剂样品。

2. 脱氢反应

(1) 组装流程如图 8-4 所示，反应器内装入催化剂，检查各接口，试漏（空气或氮气）。

(2) 检查电路是否连接妥当。

(3) 上述准备工作完成后，开始升温，预热器温度控制在 300℃。反应器温度达到 400℃后，开始启动注水加料泵，同时调整流量（控制在 0.3mL/min 以内），温度升至 500℃时，恒温活化催化剂 3h，此后逐渐升温至 550℃，启动乙苯加料泵。调节流量在水:乙苯 = 2:1，并严格控制进料速度使之稳定。反应温度控制在 550℃、575℃、600℃、625℃。考查不同温度下反应物的转化率与产品的收率。

(4) 在每个反应条件下稳定 30min 后，取 20min 样品 2 次，取样时用分液漏斗分离水相，用注射器进样，色谱仪中测定其产物组成。分别称量油相及水相重量，以便进行物料恒算。

(5) 反应完毕后停止加乙苯原料，继续通水维持 30~60min，以清除催化剂上的焦状物，使之再生后待用。

(6) 实验结束后关闭水、电。

五、数据处理

1. 根据实验内容自行设计记录表格

记录实验数据，见表 8-2 和表 8-3。

表 8-2　实验数据记录表

时间/min	预热温度/℃	反应温度/℃	水进料量/(mL·h^{-1})	乙苯进料量/(mL·h^{-1})	油层/g	水层/g	备注

表 8-3 实验结果记录表

反应温度/℃	乙苯进料量 /(mL·h^{-1})	精产品								备注
		苯		甲苯		乙苯		苯乙烯		
		%	g	%	g	%	g	%	g	

2. 按下式处理数据

$$苯乙烯收率 = 转化率 \times 选择性$$

以单位时间为基准进行计算。绘出转化率和收率随温度变化的曲线，并解释和分析实验结果。

六、思考题

1. 乙苯脱氢制苯乙烯铁系催化剂有哪些？有何优缺点？
2. 为什么催化剂的形状影响催化剂的活性与选择性？
3. 乙苯脱氢制苯乙烯主要影响因素有哪些？
4. 乙苯脱氢制苯乙烯有哪些工艺？

实验46　丙二醇甲醚乙酸酯的合成

丙二醇甲醚醋酸酯(PMA)是一类重要的工业溶剂，分子中既有醚键，又有酯基，这些官能团对非极性和极性物质都有一定的溶解能力，既可溶解小分子有机物、有机大分子物以及合成的或天然的高分子物，同时又可不同程度地与水或水溶性化合物互溶，具有一般有机溶剂所不具备的性能。是一种性能优良的高级溶剂，广泛用于合成树脂、黏结剂、油墨、清洗剂、印刷、纺织印染和皮革鞣剂等行业；替代三氯乙烷用电子清洗剂和化妆品用溶剂，克服了乙二醇乙醚乙酸酯的毒性，正在逐步替代乙二醇乙醚乙酸酯。

一、实验目的

1. 掌握固体超强酸催化剂制备方法。
2. 熟悉反应精馏酯化过程的基本操作技能。
3. 掌握产物精馏提纯的基本操作技能。
4. 掌握色谱分析方法。

二、实验原理

采用直接酯化工艺，以丙二醇甲醚(PM)和乙酸(HAc)为原料，在固体超强酸催化剂和共沸脱水剂作用下，合成 PMA。反应方程式如下：

$$CH_3COOH + CH_3OCH_2CH(CH_3)OH \rightleftharpoons CH_3COOCH(CH_3)CH_2OCH_3 + H_2O$$

$$CH_3COOH + CH_3OCH(CH_3)CH_2OH \rightleftharpoons CH_3COOCH_2CH(CH_3)OCH_3 + H_2O$$

酯化反应产物在精馏塔中精馏提纯，精馏原理如下：

利用混合物中各组分的挥发度的不同将混合物进行分离。在精馏塔中，塔釜产生的蒸汽沿塔逐渐上升，来自塔顶冷凝器的回流液从塔顶逐渐下降，气液两相在塔内实现多次接触，进行传质、传热过程，轻组分上升，重组分下降，使混合液达到一定程度的分离。如果离开某一块塔板(或某一段填料)的气相和液相的组成达到平衡，则该板(或该段填料)称为一块理论板或一个理论级。然而，在实际操作的塔板上或一段填料层中，由于气液两相接触时间有限，气液相达不到平衡状态，即一块实际操作的塔板(或一段填料层)的分离效果常常达不到一块理论板或一个理论级的作用。要想达到一定的分离要求，实际操作的塔板数总要比所需的理论板数多，或所需的填料层高度比理论上的高。

三、仪器和试剂

仪器：三口烧瓶(500mL)，分馏柱，分水器，球形冷凝管，精馏头，收集瓶

(100 mL)，烧杯(500 mL)，三角瓶(250mL、500mL)，电加热套，水环式真空泵，布氏漏斗，抽滤瓶(500mL)，磁力搅拌器，烘箱，坩埚，马弗炉，干燥器，气相色谱仪。

试剂：丙二醇甲醚，冰醋酸，甲苯，四氯化钛，浓硫酸，环己烷，氨水，精密pH试纸，沸石。

实验流程：

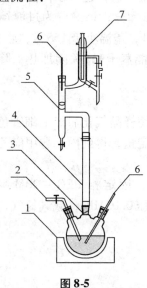

图 8-5

1—带磁力搅拌器　2—导气管　3—三口烧瓶
4—精馏柱　5—分水器　6—温度计　7—冷凝器

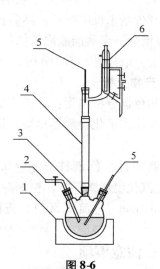

图 8-6

1—带磁力搅拌电加热套　2—导气管　3—三口烧瓶
4—精馏柱　5—分水器　6—温度计　7—冷凝器

四、实验步骤

1. 固体超强酸催化剂制备

采用沉淀-浸渍法，将四氯化钛在环己烷中配成浓度为15%（质量分数）的溶液，搅拌下缓慢滴加氨水至碱性，pH值控制在9～10，使反应完全，得到白色沉淀；将沉淀物静置陈化至少12h，再经过滤后用蒸馏水洗涤至无Cl^-，然后120℃干燥3h，制得无定形载体；用0.75mol/L硫酸浸泡12h，然后用蒸馏水洗涤至pH=7，120℃温度干燥3h，450℃温度下焙烧3h，得固体超强酸SO_4^{2-}/TiO_2（二氧化钛），密闭保存备用。

2. 酯化反应

按图8-5搭好反应精馏实验装置，在500mL三口烧瓶中加入120g乙酸、200g二醇甲醚、40g脱水剂甲苯、3.5g SO_4^{2-}/TiO_2催化剂，升温加热至沸腾开始计时，控制加热速度，在沸腾状态下回流反应，使蒸汽经冷凝管冷凝后流入分水器中分层，上层甲苯层回流至反应系统，下层水积聚在分水器中，当分水器中水积聚较多时，分出下层水层；反应5h后，反应温度小于150℃，反应分出的水达化学计量值，反应毕，降温，过滤出催化剂，制得酯化反应粗产品，取样进行粗产物GC分析，计算酯化反应转化率。

3. 产物精馏

按图 8-6 搭好精馏实验装置，500 mL 三口烧瓶中加入上述计量的反应粗产物，采用常压精馏，加热升温，控制回流比为 3∶1，釜温小于 125℃，收集顶温 110℃以下馏分，该馏分主要为共沸脱水剂甲苯及未反应原料；继续升温，控制回流比为(6~9∶1)(随着顶温提高，回流比增加)，釜温小于 130℃，收集顶温 110~120℃馏分，该馏分主要为未反应原料及少量产品；进一步升温，控制回流比为 9∶1，釜温小于 145℃，收集顶温 120~140℃馏分，该馏分为过渡馏分主要为产品及少量未反应原料；然后控制回流比为 1∶1，釜温小于 155℃，收集 145~147℃主馏分，至蒸馏瓶底部物料较少时(注意不能蒸干)，关闭加热，降温，计量，各馏分取样进行 GC 分析，计算精馏收率。

4. 产物分析

气相色谱分析纯度：在选定的色谱条件下，使样品气化后经毛细管色谱柱分离，用火焰离子化检测器检测，用面积归一化法定量，得到丙二醇甲醚乙酸酯的含量。

检测条件：色谱柱 30m × 0.32mm × 0.4μm，固定相 PEG - 20M，柱温度 130℃，汽化温度 270℃，检测温度 180℃，柱前压 0.03MPa，载气氮气，载气流量 1.6mL/min，分流比 30∶1，进样量 0.4μL。

五、注意事项

1. 实验过程中要特别注意安全，实验所用物系是易燃物品，操作过程中避免洒落以免发生危险。

2. 实验设备加热功率由电位器来调节，在加热时应注意加热千万别过快，以免发生暴沸(过冷沸腾)，使釜液从塔底冲出。

3. 开启加热系统前应先开冷水，打开放空考克，再向塔釜供热；停车时则相反。

六、思考题

1. 催化剂制备沉淀法、浸渍法的基本原理是什么？其主要影响因素有哪些？
2. 促使酯化反应平衡向右移动的方法有几种？
3. 用苯做脱水剂，结果如何？
4. 试写出乙酸和丙二醇甲醚在酸催化下的反应机理。
5. 本实验的副反应有哪些？
6. 常压精馏与减压精馏的优缺点是什么？丙二醇甲醚乙酸酯可否用减压精馏来提纯？如何操作？

参考文献

陈金龙. 精细有机合成原理与工艺[M]. 北京：中国轻工业出版社，1992.
陈昭琼. 精细化工产品配方合成及应用[M]. 北京：国防工业出版社，1999.
房鼎业，乐清华，等. 化学工程与工艺专业实验[M]. 北京：化学工业出版社，2000.
高崐玉. 色谱法在精细化工中的应用[M]. 北京：中国石化出版社，1997.
吉卯祉，葛正华. 有机化学实验[M]. 北京：科学出版社，2002.
焦家俊. 有机化学实验[M]. 上海：上海交通大学出版社，2002.
林翔云. 调香术[M]. 北京. 化学工业出版社，2001.
马长伟，曾名勇. 食品工艺学导论[M]. 北京：中国农业大学出版社，2002.
帕维亚 D. L，兰普曼 G. M，小克里兹 G. S. 现代有机化学实际技术导论[M]. 丁新腾，译. 北京：科学技术出版社，1985.
彭勤纪，王璧人. 波谱分析在精细化工中的应用[M]. 北京：中国石化出版社，2001.
强亮生，王慎敏. 精细化工实验[M]. 哈尔滨：哈尔滨工业大学出版社，1996.
强亮生，王慎敏. 精细化工综合实验[M]. 哈尔滨：哈尔滨工业大学出版社，2002.
裘炳毅. 化妆品化学与工艺技术大全[M]. 北京：中国轻工业出版社，1997.
沈一丁. 高分子表面活性剂[M]. 北京：化学工业出版社，2002.
沈一丁. 精细化工导论[M]. 北京：中国轻工业出版社，1998.
宋启煌. 精细化工工艺学[M]. 北京：化学工业出版社，1995.
孙晓然，谢全安. 化学工程与工艺综合设计实验教程[M]. 北京：冶金工业出版社. 2004.
涂料工艺编委会. 涂料工艺[M]. 北京：化学工业出版社，1997.
王福来. 有机化学实验[M]. 武汉：武汉大学出版社，2001.
徐艳萍，杜薇薇. 胶粘剂[M]. 北京：科学技术文献出版社，2001.
曾繁涤. 精细化工产品及工艺学[M]. 北京：化学工业出版社，1997.
张天胜. 表面活性剂应用技术[M]. 北京：化学工业出版社，2001.
章思规. 精细有机化学品技术手册[M]. 北京：科学出版社，1993.
赵何为，朱承炎. 精细化工实验[M]. 上海：华东化工学院出版社，1992.
赵晋府. 食品工艺学[M]. 北京：中国轻工业出版社，1992.
周春隆. 精细化工实验法[M]. 北京：中国石化出版社，1998.
朱友益，韩冬，沈平平. 表面活性剂结构与性能的关系[M]. 北京：石油工业出版社，2003.
MATTIAS B T. Ferroelectries of glycine sulfate. Phys. Rev, 1956, 104(4)：848.
SCREENIVAS K. Charaterization of Pb(Zr, Ti)O, thin films deposited from multi-element targets. J. Appl. Phys. , 1988, 64(3)：1484.
SHIMIZU Y. Preparation and electrical properties of lanthanum-doped lead titante thun films by sol-gel processing. J. Amer. cream Soc. , 1991, 74(12)：1023.